Aesthetics

指尖美学

— 帕特吹莎 编著 —

时尚美甲设计从入门到精通

人民邮电出版社

北京

图书在版编目（ＣＩＰ）数据

指尖美学：时尚美甲设计从入门到精通 / 帕特吹莎
编著. -- 北京：人民邮电出版社，2019.10（2022.3重印）
　ISBN 978-7-115-51201-7

　Ⅰ. ①指… Ⅱ. ①帕… Ⅲ. ①美甲－基本知识 Ⅳ.
①TS974.15

　中国版本图书馆CIP数据核字(2019)第131031号

内 容 提 要

　　这是一本美甲设计实例教程。本书从美甲基础入手，图文并茂地讲解了美甲设计的基本知识和方法，目的是让零基础的读者能够快速地对美甲设计有一个全面的认识和理解。实例部分结合当下流行的美甲款式和风格，按照季节、节日和场合进行划分，通过大量精心制作的实例向读者完整细致地展示了美甲的制作方法，并在恰当的地方穿插提示内容。本书的一大特点是为每个实例录制了视频，系统地展示了美甲的全过程，配合书中的图文讲解，读者可以更容易地理解具体的操作方法，并更直观地看到美甲效果。

　　本书不仅适合美甲初学者学习使用，还适合有一定基础的美甲师参考。

◆ 编　　著　帕特吹莎
　　责任编辑　赵　迟
　　责任印制　马振武

◆ 人民邮电出版社出版发行　　北京市丰台区成寿寺路 11 号
　　邮编　100164　　电子邮件　315@ptpress.com.cn
　　网址　http://www.ptpress.com.cn
　　北京宝隆世纪印刷有限公司印刷

◆ 开本：889×1194　1/16
　　印张：13.5　　　　　　　　　2019 年 10 月第 1 版
　　字数：530 千字　　　　　　　2022 年 3 月北京第 3 次印刷

定价：128.00 元
读者服务热线：**(010)81055410**　印装质量热线：**(010)81055316**
反盗版热线：**(010)81055315**
广告经营许可证：京东市监广登字 20170147 号

52 →春日彩色郁金香美甲

56 →夏日清新柠檬美甲

64 →清凉海滩椰树美甲

72 →绿色薄纱格纹美甲

80 →炫彩多彩印花美甲

84 →古典仿刺绣印花美甲

88 →绿紫色毛呢格纹美甲

94 →喜庆金色雪花美甲

98 →开运千鸟格美甲

102 →新年招财猫美甲

106 →可爱少女腮红美甲

110 →性感暗黑玫瑰美甲

114 →单身也快乐美甲

118 →可爱独角兽美甲

122 →梦幻小公主美甲

126 →可爱小猫咪美甲

132 →蠢萌木乃伊美甲

136 →可爱小幽灵美甲

部分案例展示

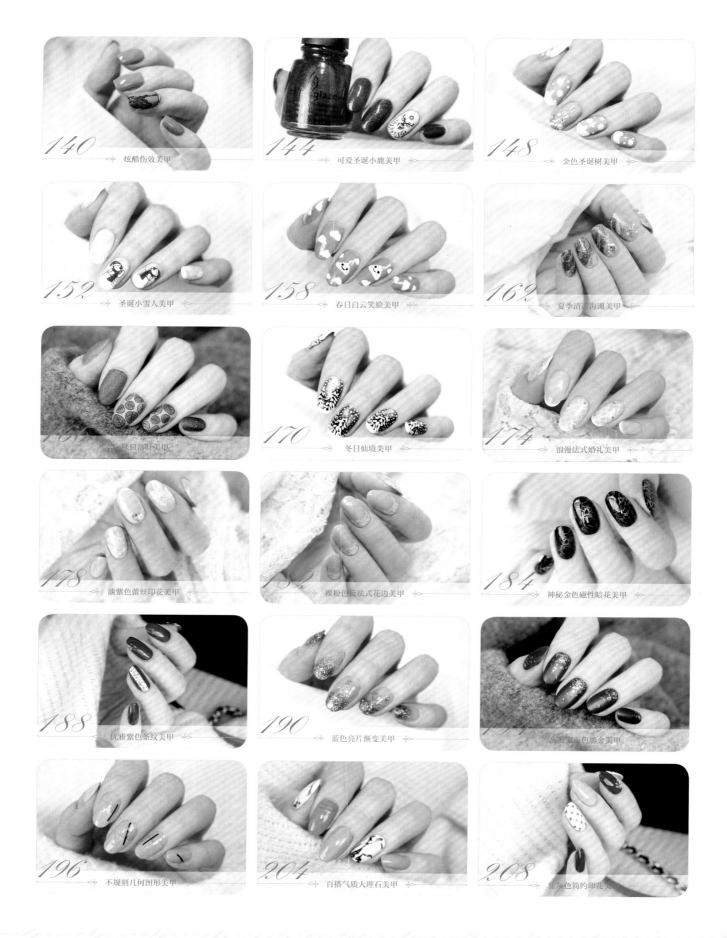

140 炫酷伤效美甲
144 可爱圣诞小鹿美甲
148 金色圣诞树美甲
152 圣诞小雪人美甲
158 春日白云笑脸美甲
162 夏季清凉海滩美甲
160 秋日落叶美甲
170 冬日仙境美甲
174 浪漫法式婚礼美甲
178 淡紫色蕾丝印花美甲
182 裸粉色反法式花边美甲
184 神秘金色磁性暗花美甲
188 优雅紫色条纹美甲
190 蓝色亮片渐变美甲
194 高贵宝蓝色缭金美甲
196 不规则几何图形美甲
204 百搭气质大理石美甲
208 蓝灰色简约印花美甲

推荐

　　我和帕特吹莎是好朋友。她虽然工作很忙，还是经常利用自己的休息时间制作美甲教程视频，并且编写了本书，她把自己总结的经验汇集到了本书当中。这么投入地去做一件事，是因为她真的非常热爱美甲。这本书值得我推荐，也值得你期待。

微博认证知名美妆博主 / 淘宝千咖达人　梧桐 Tone

　　我和帕帕是在微博上认识的。我特别喜欢她的美甲作品，这些作品配色舒适，她的美甲视频每一秒都处理得恰到好处且赏心悦目。从本书的初稿中，我看到了她对美甲这件事的专注和热情，也看到了她满满的用心，因此强烈推荐此书。

微博认证知名美妆博主 / 淘宝千咖达人　一块冷静的豆腐

　　帕帕是个非常认真的人，在做美甲教学的时候，无论是针对款式效果还是针对视频剪辑都力求完美。一开始听帕帕说要写书，我就非常期待，因为她做事严谨、逻辑性强，可以把美甲的艺术和理论有效地结合在一起，然后充分呈现出来。这会是一本非常值得读者阅读和学习的美甲设计教程。

微博认证知名美妆博主 / 淘宝千咖达人　Xiao 猫猫子

前言

　　"云想衣裳花想容"，人们对于美好事物的追求亘古不变，而当下人们对于美的追求已不再局限于穿漂亮的衣服、做精美的发型及化精致的妆容等，人们还对美的细节产生了前所未有的关注。正因如此，美甲在近些年已成为和美容、美妆并驾齐驱的潮流必需品，一些专业美甲店也在各大城市的黄金地段有了一席之地。有人问我为何对美甲如此偏爱，我觉得相对于美容、美妆这类把美展现给他人的自我装饰来说，美甲可能是更能给自己带来好心情的一种装饰方法。抬手可见的美甲，总能在不经意间让自己的心情愉悦起来。

　　美甲的发展经历过好几个阶段。从最初的单纯的涂色到添加小饰品，然后到手绘，再到利用印花板做出各种图案，技术上的不断更新为美甲带来了更多的可能性。如今，更多的美甲店开始为客人提供不同款式、适合不同场合和不同节日的私人定制美甲服务。在我看来，随着人们精神需求的不断提高，美甲行业的发展将会越来越好，美甲服务也会变得更具个性化，人们也会习惯于通过美甲款式来表达自己对潮流的理解和态度。本书最想和读者分享的是如何根据个人的喜好和需求快速制作出不同类型的美甲，希望读者能够认真阅读本书，并且学有所获，最终可以将学到的内容运用到自己的日常生活和工作当中，制作出更多好看且实用的美甲作品。

　　这些年来，当我把自己的美甲作品放到一些社交网站上，与世界各地的美甲爱好者进行分享时，我会被他们热情的留言所感动，也会为他们通过学习制作出自己喜欢的美甲而感到高兴。这时候，美甲对于我来说仿佛成了一块磁石，它让我收获了很多志趣相投的朋友。虽然其中很多朋友我甚至都不曾见过面，但我们却因为美甲而变得亲密无间。对于我们来说，美甲是我们共同的爱好，让更多人爱上美甲也是我们的梦想。

帕特吹莎

2019 年 8 月于纽约

目录

第 1 章

美甲的
基础知识

对指甲油的了解与认识

俗话说："手是女人的第二张脸。"随着人们物质生活水平的提高，越来越多的女性喜欢上了美甲，并将美甲作为提升个人形象的一种利器。指甲油是美甲市场上最早出现的，也是经久不衰的美甲产品，各大美甲品牌也一直在研发新的产品类别。

指甲油按成分分类

指甲油从成分上划分，可以分为水性指甲油、油性指甲油和微光疗指甲油。

顾名思义，水性指甲油是以水为主要溶剂的指甲油，使用时持久度比较差，但一般没有什么气味。水性指甲油在自然风干后，会在指甲表面形成一层薄膜。当这层薄膜从边缘裂开时，可以将指甲油从甲面上整片剥下。正因为水性指甲油有这样一个特性，现在市场上的一些商家大肆宣扬水性指甲油具有可剥特性，特别方便卸除，以及水性指甲油因为无须使用洗甲水卸除，所以不伤指甲。然而这里存在两个误区：其一，在正常使用范围内，使用正规品牌的洗甲水是不会影响指甲健康的；其二，指甲油可剥且不伤指甲，是要建立在湿润的环境基础之上的。正确地剥去水性指甲油的方法是在剥掉之前，把指甲在热水中浸泡足够长的时间，直到指甲油薄膜边缘翘起，再毫无阻力地将其整片撕下，所以一般洗澡时是一个非常适合卸除水性指甲油的时机。相反地，在任何干燥的环境下，强行撕去指甲油薄膜都会损伤甲面。同时，长期频繁、大量地强行撕去指甲油薄膜，会导致指甲出现不同程度的分层、变软，甚至折断。指甲本身就很软，因此指甲健康度不高的人并不适合使用这种可剥型指甲油。

受损甲面

油性指甲油属于较传统的美甲产品，带有一定气味。相较于水性指甲油来说，油性指甲油以化学有机溶剂作为基底，在美甲过程中，指甲油的有机溶剂自然挥发后，会在指甲表面形成一层相对坚硬的薄膜。

随着技术的发展，指甲油家族中又出现了一个新成员——微光疗指甲油。相比普通指甲油来说，微光疗指甲油的持久度和光泽度都更好。虽然微光疗指甲油名称里带有"光疗"二字，但是它的使用方法和卸除方法都和普通指甲油一样。

指甲油按功能分类

指甲油按功能可以划分为底油、色油和亮油（也叫顶油）。

底油，顾名思义就是给后面的色油打底用的指甲油。涂抹底油可以提高色油的黏附性，让美甲效果更持久，并降低甲面被色素染色的概率。

色油是指有颜色的指甲油，一般在涂了底油之后使用。

亮油一般在色油涂好之后使用，它的作用是增加指甲油的亮度和持久度。

有一款油性指甲油叫磨砂顶油，涂抹以后会在甲面形成亚光磨砂效果，很适合在秋冬季节使用。

随着技术的发展，美甲行业又推出了很多带有强韧指甲作用的护甲油。其中有一些不带颜色的，可以作为底油使用，也可以单独使用；有一些带有颜色的，可以直接作为色油使用。

指甲油的保存和特殊情况处理方法

指甲油的保存是否得当直接关系到指甲油的使用寿命，因此正确掌握指甲油的保存方法是非常重要的。只有这样，我们才能和指甲油长长久久地一起"玩耍"。

如何正确保存指甲油

与大多数化妆品一样，指甲油适合保存在阴凉干燥的环境中，避免明火、高温和太阳直射；同时适合放置在架子上、抽屉里或者盒子中；最重要的是要确保将瓶盖拧紧，并自然向上放置。

特殊情况的处理方法

在使用指甲油的过程中，我们常常会遇到如下问题：使用较长时间的指甲油瓶口会堆积许多干掉的指甲油，或者瓶子里的指甲油变得浓稠，导致使用时很难涂匀。这时候该怎么办呢？下面我给大家提供一些方法。

❤ 如何清理瓶口干掉的指甲油

一瓶指甲油在使用多次的情况下，瓶口会堆积一些干掉的指甲油。这时我们需要将这些干掉的指甲油及时清理掉，避免下次使用时难以打开瓶盖，或导致瓶盖拧不紧，让指甲油挥发变干的情况发生。

清理指甲油瓶口干指甲油的方法很简单，只要完成下面几步即可。

第1步：将一块卸甲棉用洗甲水打湿。

第2步：把打湿的卸甲棉折叠起来，包住瓶口。

第3步：将指甲油瓶盖盖好，稍微旋转几下。

第4步：等待1分钟后，将瓶盖打开。

第5步：用手指捏住卸甲棉，再将瓶口稍微擦拭一下。这样瓶口就彻底被清理干净了。

Tips

用上述方法既可以清理掉瓶口堆积的干掉的指甲油，又可以清理掉瓶盖内侧干掉的指甲油。

❤ 当指甲油变浓稠了怎么办

在平日里，就算我们对指甲油的保存得当，但随着打开的次数增多和有机溶剂的不断挥发，最后指甲油也会变得浓稠而不好涂抹，该怎么办呢？这时候指甲油稀释剂就派上用场了。

指甲油稀释剂的使用主要有以下几个步骤。

第1步：用配套的滴管吸取适量指甲油稀释剂，将其挤到指甲油瓶子里。

第2步：将指甲油瓶盖拧紧，然后将瓶身放在双手间来回搓动。

第3步：继续搓动瓶身，让指甲油与稀释剂均匀混合。

Tips

要避免使用上下甩动的方法混合指甲油与稀释剂，否则会导致指甲油内部产生大量气泡，影响涂抹效果。

指甲油到底有没有保质期

　　指甲油不同于功能性化妆品或护肤品，不存在开瓶后某些成分出现氧化或者活性失效的情况，唯一会对指甲油使用寿命产生影响的是环境中的细菌。油性指甲油因为是以有机溶剂作为基底的，而细菌在有机溶剂中一般无法存活，所以只要保存得当，油性指甲油可以一直使用下去；水性指甲油则不同，它是以水作为溶剂的，而细菌在水中可以存活，所以水性指甲油是有保质期的。

Tips

　　为了确保指甲油有较长的使用期限，在指甲油因使用时间过久而变得浓稠的情况下，只能使用指甲油稀释剂对其进行稀释，切忌使用洗甲水稀释指甲油。

　　可能有人会问：既然油性指甲油可以一直使用下去，为什么市场上有些油性指甲油标注了生产日期和开瓶后使用期限，而有些油性指甲油却没有标注呢？说到底，这个主要还是和各国（地区）的监督规范条例有关。

　　例如，美国食品药品管理局（Food and Drug Administration，FDA）并没有规定指甲油产品需要标注生产日期和开瓶后使用期限，所以美国本土销售的油性指甲油产品大多是没有标注生产日期和开瓶后使用期限的。

　　因为欧盟规定要给指甲油标注生产日期或开瓶后使用期限，所以在欧盟成员国内销售的油性指甲油大多是标注有生产日期或者开瓶后使用期限的。不过这个标注对于油性指甲油产品本身的使用来讲是没有多少意义的，只要保存得当，即便是过期，一般来说也仍然可以继续使用。

　　有些指甲油产品，尤其是亮片指甲油，在放置较长一段时间之后，瓶内会出现不同程度的分层现象，但这并不代表指甲油已过期或不能使用了。此时只要将指甲油适当摇匀，依然是可以照常使用的。

常见的美甲工具介绍

俗话说："工欲善其事，必先利其器。"要做好一款美甲，光靠指甲油是不够的，还需要搭配使用一些工具才行。本节就来介绍一些常见的美甲工具。

修剪类

修剪类美甲工具包括指甲钳、死皮剪、美甲推、死皮软化剂和美甲锉等。

指甲钳是一种较常见的用于剪短指甲的工具。

死皮剪主要用于修剪指甲上的死皮。新手使用时需要谨慎，以免误伤自己。

美甲推一般用不锈钢材料制成，用于推掉指甲周围的死皮和推后指缘。

死皮软化剂主要用于软化死皮，以便轻松去掉死皮。

美甲锉（也称"美甲条"）和抛光条主要用于给指甲修形，使用时只能单方向对指甲进行打磨。

卸甲类

卸甲类美甲工具包括丙酮、洗甲水、按压瓶、卸甲包、卸甲棉和卸甲夹等。

丙酮可用于卸指甲油和可卸式光疗甲，但会对指甲周围的皮肤产生一定的刺激，挥发性较大，并带有一定的气味。不过，正因为它挥发性较强，所以非常适合用来擦洗美甲印花钢板。使用时需要特别注意通风。

洗甲水分有含丙酮和不含丙酮两种类型。含丙酮的洗甲水卸甲速度较快，不仅可以用于卸除指甲油，还可以用于卸除光疗甲。不含丙酮的洗甲水性质较温和，但卸甲速度较慢，并且只能用于卸除指甲油。

按压瓶可用于分装大瓶洗甲水，使卸甲操作更方便。

卸甲包可用于卸除指甲油和可卸式光疗甲，但在美甲过程中不适合用于清理细节。

卸甲棉主要用于蘸取洗甲水，然后卸除指甲油。

卸甲夹主要用于辅助卸甲棉卸除亮片指甲油或可卸式光疗甲。

装饰类

装饰类美甲工具包括美甲贴、美甲贴花、镂空贴纸、美甲亮片、美甲装饰粉末和美甲星空纸等。

美甲贴使用起来比较方便，对于生活节奏快的人群来说比较实用。

美甲贴花带有背胶，可直接贴在指甲表面作为装饰。其中，水印美甲贴花在使用前需要将图案用水浸泡，然后贴在指甲表面作为装饰。

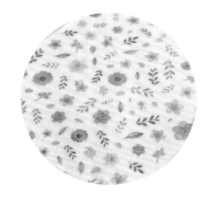
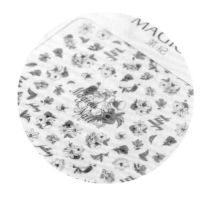

镂空贴纸在使用时，可以用贴纸上已经裁剪好的镂空图案在指甲表面做出对应的花纹。

美甲亮片主要用于装饰指甲表面，让美甲效果看起来更丰富，且更加闪亮。

美甲装饰粉末分金箔粉、激光粉和魔镜粉等不同类型，用于指甲表面的装饰。

美甲星空纸在使用时需要先在甲面上涂上美甲星空胶，然后将星空纸上的图案转印到甲面上。

除了以上说到的这些装饰类美甲工具，还有一些种类丰富的小饰品，可以趁甲面上的亮油未干时粘贴，也可以在饰品背面涂抹适量美甲专用胶水后粘贴在甲面上，自由搭配出自己喜欢的样式和效果。

其他工具

常见的美甲工具除了以上说到的那些，还有酒精棉片、海绵、指甲油快干液、指甲油快干喷雾和印花油等。

酒精棉片主要用于在涂指甲油前清洁甲面油脂，之后涂上指甲油，可以让美甲效果更持久。

海绵主要用于在制作渐变美甲时，使甲面上的颜色过渡自然；也可以在涂亮片类型的指甲油时，用来吸掉多余的指甲油，让亮片更加均匀地分布在甲面上。

指甲油快干液一般在涂完亮油后使用，可使指甲油快速变干。

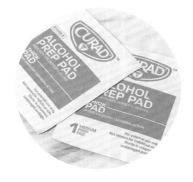
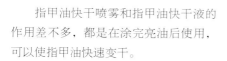

指甲油快干喷雾和指甲油快干液的作用差不多，都是在涂完亮油后使用，可以使指甲油快速变干。

印花油是一种高饱和度的指甲油，用于印取美甲印花板上的图案。

印花板是刻有各种图案的板子，大多数为不锈钢材质。板子上的图案可被印章和印花油转印到指甲表面作为装饰。

印章可分为透明和不透明两种类型，主要用于印取印花板上的图案。

刮板主要用于刮去印花板表面多余的印花油。

美甲硅胶垫的主要作用是自制美甲贴纸或者转印美甲纹路等。

防溢胶主要用于涂在指甲的周围，以方便去除多余的指甲油。

文具胶既可用于处理掉粘在皮肤上的印花油，又可用于清理印章头。

桔木棒可在修甲时替代不锈钢质地的美甲推，也可在美甲过程中用于刮掉多余的指甲油，或作为混合不同产品时的搅拌棒。

美甲笔刷可以配合其他工具使用，用来在指甲表面绘制出不同的图案，也可以用来在印花板上填色。

点花笔主要用于在指甲表面点出大小不一的圆点。

磁板用于将磁性指甲油的磁性颗粒吸取出来。

美甲专用胶水用于粘贴甲片或各类美甲小饰品。

美甲星空胶是一种可以转印星空纸的胶水，使用时不需要照灯。

其他的基本知识

正所谓"手是女人的第二张脸"，手部保养与脸部的保养同等重要。一双美手外加精致美丽的指甲，除了能体现一个人精致的生活态度，还会给自己和周围的人带来美的享受。

下面，我给大家详细介绍一下常见的指甲形状，怎样修出好看的指甲，如何卸除指甲油，以及如何进行手部和指甲的护理与保养。

常见的指甲形状

在日常生活中，常见的指甲形状有 5 种，即方甲、方圆甲、椭圆甲、圆甲和杏仁甲。

那么在日常生活中，我们应该如何选择适合自己的指甲形状呢？在下面的表格中我给大家做了一个解析。

指甲形状	适合人群
方甲	干练果断的甲形，长度较短，不易折断，属于易打理的指甲形状，适合甲床较宽、不喜留长指甲的人
方圆甲	相较于方甲来说，方圆甲在干练中更添几分女性魅力，适合所有人
椭圆甲	非常优雅，是有女人味的甲形，适合甲床较宽较长的人
圆甲	圆甲偏可爱乖巧一些，适合甲床较小或者不喜欢留长指甲的人
杏仁甲	与椭圆甲类似，但杏仁甲的甲尖处更尖一些。和其他形状的指甲相比，杏仁甲是最具有女性柔美气质的指甲形状，适合手指细长的人。因其长度较长，不适合指甲较软或者喜欢咬指甲的人

怎样修出好看的指甲

好看的甲形是美甲设计的基础。哪怕不涂指甲油，一手整齐干净的指甲也会给人一种赏心悦目的印象。想要修出好看的指甲，主要可从以下两方面入手：一方面是对甲面的修整，另一方面是对指缘的修整。

♥ 指甲的构成

在具体讲解如何修好指甲之前，我们先来认识一下指甲的构成。

指甲由很多部分构成，包括甲母、甲根、甲半月、甲板、甲床、甲上皮、死皮、游离线、甲尖、甲廓、甲沟、甲下皮和 C 弧。

甲母：因细胞分裂而促进指甲生长的地方。

甲根：指甲根部，即甲母质分裂细胞的地方。

甲半月：俗称"月牙儿"，指甲根部呈白色半月形的地方。

甲板：就是我们俗称的指甲，由大量硬化角蛋白质组成。

甲床：位于甲板下方，含有大量毛细血管和神经，它的存在使得我们的指甲表面通常呈粉红色。

甲上皮：覆盖在指甲深入皮肤下方的边缘地带，保护指甲不受细菌侵入。

死皮：覆盖在指甲上的一层透明状薄膜。

游离线：甲尖与甲床的分界线。

甲尖：指甲超出甲床的部分，风干角质化后呈白色，是整个指甲最脆弱的部分。

甲廓：位于指甲两侧，起到固定和保护甲板的作用。

甲沟：位于甲床和甲板之间，是指甲生长的"轨道"。

甲下皮：位于指尖下方，是在甲床外缘的一道防线，保护指甲不受细菌侵入。

C 弧：指甲前缘形成的弧度。

了解了指甲的构成，我们来具体说一说如何修出好看的指甲。

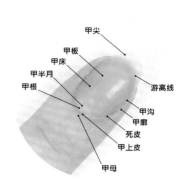

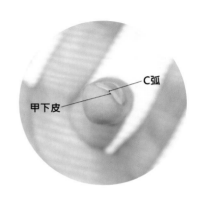

🖤 如何对指甲进行修整

针对指甲的修整，这里我们以圆甲为例。在修甲过程中，通常需要使用的工具包括指甲钳、美甲锉（240 Grit）和抛光条（1000/4000 Grit）。

第 1 步：如果指甲过长，可以用指甲钳将指甲修剪得短一些。

第 2 步：从指甲的一侧开始，沿着同一个方向打磨指甲，打磨时美甲锉与指甲大概呈 60° 角。

第 3 步：继续打磨指甲，将打磨的位置往中心部位移动，这时美甲锉和指甲的夹角大概为 45°。

第 4 步：继续上一步，将打磨重心移动到中心位置，这时美甲锉和指甲的夹角大概为 20°。

Tips

针对指甲 C 弧较大的人，不建议用指甲钳修剪指甲，而建议用美甲锉磨短指甲。如果直接用指甲钳剪指甲，很容易导致指甲两侧开裂。

Tips

在打磨过程中，可重复以上第 2 步~第 4 步，直到将指甲的一侧打磨出合适的弧度和长度。在打磨过程中，可以按照自己习惯的方向来进行，但切忌来回磨指甲。

第5步：将指甲的一侧打磨完成后，按照同样的方法，继续打磨另外一侧。

第6步：将指甲的两侧都打磨好后，保持美甲锉与指甲垂直，然后稍微打磨一下指尖，使指尖处的指甲看起来更圆润一些。

第7步：准备好抛光条，然后用较粗的那一面对着指尖下方，按同一个方向稍微打磨一下，并将打磨后堆积在指尖下方的纤维清理掉。

第8步：把抛光条平行置于指甲上方，然后将较粗的那一面对着甲面，横着往同一个方向轻轻打磨甲面，使其呈现出亚光的状态。

第9步：把抛光条平行置于指甲上方，然后将较细的那一面对着甲面，横着往同一个方向轻轻打磨甲面，直至甲面呈现出自然的光泽感，结束操作。

掌握了修圆甲的要领后，我们就可以举一反三地修出其他甲形了。由于篇幅有限，这里我们将其他甲形的修整方法以流程的形式为大家进行介绍与说明。

方甲：将美甲条平行置于指尖，并往同一个方向打磨 → 将美甲条平行置于指甲一侧，往同一个方向打磨 → 用同样的方法打磨指甲的另一侧。

方圆甲：将美甲条平行置于指尖，并往同一个方向打磨 → 将美甲条平行置于指甲一侧，往同一个方向打磨 → 用同样的方法打磨指甲的另一侧 → 将一侧的直角指甲磨圆，但保持指尖仍然为直线 → 用同样的方法打磨指甲的另一侧。

椭圆甲：将美甲条平行置于指甲一侧，并往同一个方向打磨 → 用同样的方法打磨指甲的另一侧 → 将一侧的边缘拐角打磨出明显的弧度 → 用同样的方法打磨另一侧边缘拐角，注意保持两侧对称。

杏仁甲：用美甲条打磨指甲的一侧，边磨边往中央收缩 → 用同样的方法打磨指甲的另外一侧，注意保持两侧对称。

如何对指缘进行修整

指缘修整过程中会使用的工具有酒精、酒精棉、死皮推或桔木棒、死皮剪、死皮软化剂、美甲石英棒和指缘油。

第 1 步：用酒精棉蘸取适量酒精对死皮推进行消毒。

第 2 步：在指缘处滴一些死皮软化剂，软化死皮。

第 3 步：等待 15 秒后，从指甲根部的 1/4 处开始，用死皮推将指甲根部的死皮轻轻推起，推的时候注意死皮推和甲面的夹角大概为 45°。

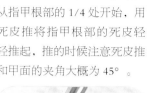

 **Tips**

不同品牌的死皮软化剂在使用过程中等待的时间不一样，因此在实际操作中请先仔细查阅商品使用说明。在推死皮的时候，注意要采用画圈的手法，这样可以有效减缓死皮推对指缘和甲面的冲击，避免指缘和甲面受伤。

第 4 步：推好死皮后，用死皮推的另外一头将推出来的死皮顺着一个方向刮出来。

第 5 步：将死皮推擦干净，用同样的方法将另外一边的死皮刮干净。

第 6 步：用酒精棉把指甲擦拭干净。

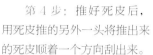

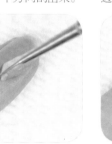

Tips

去除死皮后，一定要用酒精棉把指甲上残留的死皮软化剂擦拭干净，或者用水冲洗干净，避免因死皮软化剂在指甲表面停留时间过长而损伤指甲。

第 7 步：将死皮剪进行消毒，然后用死皮剪将指缘上的甲上皮轻轻剪掉。

第 8 步：用美甲石英棒蘸取适量酒精，使石英棒变得湿润，然后将指甲周围的皮肤老化的角质轻轻打磨掉。

第 9 步：在指缘和甲下皮处涂一些指缘油，并按摩至吸收。

 **Tips**

在使用死皮剪修剪甲上皮的时候，一定要谨慎，避免过度修剪导致出血感染。如果实在不好操作，可以只把甲上皮修剪圆润，或者跳过此步骤。

如何卸除指甲油

用正确的方法卸除指甲油是指甲保养中非常重要的一环。指甲油的卸除，按照难易程度可分为非亮片指甲油的卸除和亮片指甲油的卸除。卸除指甲油的主要工具包括洗甲水和棉片，卸亮片指甲油时可以搭配指缘油、凡士林和卸甲夹。

如何卸除非亮片指甲油

相比亮片指甲油的卸除来说，非亮片指甲油卸除起来比较简单，主要分为以下几个步骤。

第 1 步：用棉片蘸取足量的洗甲水，然后敷在指甲上，并等待 7~8 秒。　　　第 2 步：轻轻将指甲表面擦拭干净。　　　第 3 步：把棉片折出一个小角，将残留的指甲油彻底擦干净，完成操作。

如何卸除亮片指甲油

亮片指甲油虽然好看，但是一般很难卸除。卸除亮片指甲油主要包含以下几个步骤。

第 1 步：在指缘周围涂上适量的指缘油或凡士林，以方便下一步操作。

 **Tips**

这里之所以要在指缘周围涂上指缘油或凡士林，是因为在卸除指甲油的过程中洗甲水与指缘周围的皮肤接触时间较长，容易损伤皮肤。这样做可以起到保护指缘周围皮肤的作用。

第 2 步：用棉片蘸取足量的洗甲水，然后将棉片叠成小块，放在卸甲夹里。　　　第 3 步：把卸甲夹夹在指甲上，并确保棉片对准指甲。　　　第 4 步：等待 5 分钟后，将指甲上的卸甲夹取掉。　　　第 5 步：用棉片将残留在甲面上的指甲油彻底擦除干净。

手部的护理与保养

手部的护理与保养一般分为日常护理与保养，以及密集性护理与保养，下面我给大家分别讲解一下。

♥ 日常护理与保养

针对手部的日常护理，最重要的一点就是勤擦护手霜。人的手部油脂腺很少，在日常生活中，由于我们大量接触水、洗手液和其他一些洗涤剂，很容易使手部皮肤出现水油失衡的情况，从而让手部皮肤变得干燥甚至开裂，因此经常用护手霜滋润手部是必要的。

针对手部的日常护理还有一点也很重要，那就是防晒。很多时候，爱美的女孩们出门时只记得在脸上涂抹防晒霜，却忽略了手，这是不可以的。在出门之前，我们的手部同样需要涂抹适量的防晒霜，以免被晒黑或晒伤。

♥ 密集性护理与保养

就如同我们会定期给脸部敷面膜一样，手部皮肤也需要定期做密集护理。手部密集性护理一般可以1~2周进行一次。对手部进行密集性护理与保养时需要用到的物品较多，包括手部浴盐、手部磨砂膏、指缘油、手膜、护手霜、一个可以装水的大容器和一条毛巾。具体操作步骤如下。

第1步：在容器中加入一勺事先准备好的手部专用浴盐。

第2步：往容器中注入适量温水，使浴盐溶化。

第3步：将双手浸入浴盐溶液当中，等待5分钟。

第4步：用毛巾轻轻将双手擦干。

 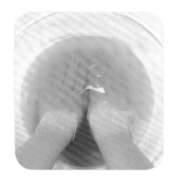 

第5步：取适量的手部磨砂膏，涂抹手部。

第6步：用洗手的动作轻轻揉搓手部皮肤，揉搓的部位主要集中在指缘和关节处。

第7步：用清水将双手洗净。

第8步：再次用毛巾将手擦干。

第 9 步：在指缘处涂上适量指缘油。

第 10 步：将指缘油按摩至吸收后，给双手套上手膜，并等待一段时间。

Tips

当给双手套上手膜之后，等待的时间长短可根据具体使用的手膜产品的使用说明来确定。

第 11 步：等待一段时间后，除去手膜，利用留在手上的精华液进行手部按摩。

第 12 步：轻抚手背，使手部变暖。

第 13 步：用大拇指以画圈式轻轻按摩手腕关节处。

第 14 步：用大拇指以画圈式按摩掌骨间隔处，使这部分的肌肉得到放松。

第 15 步：将食指置于虎口下方，用大拇指轻轻按摩虎口处。

第 16 步：将手掌朝上，用大拇指以打圈式按摩鱼际穴位置。

Tips

如果平时经常感觉此处比较容易胀痛，可以考虑多按摩一些时间。

第 17 步：用右手食指和中指轻轻夹住左手中的一根手指，从手指根部横向按压至指尖。

第 18 步：从手指根部纵向按压至指尖。之后，用同样的方法将其他手指都按压一遍。

第 19 步：用右手大拇指和食指轻轻捏住左手指尖，然后将手指轻向指根处进行按压。之后按照同样的方法将大拇指之外的其他手指按压一遍。

第 20 步：将所有手指都按压完毕之后，再轻抚一遍手背。

第 21 步：挤出适量护手霜，涂抹整个手部，直至皮肤完全吸收。

指甲的护理与保养

指甲的护理与保养包括软甲的护理与保养、以及硬甲的护理与保养。这里分别进行讲解。

软甲的护理与保养

在日常生活中，很多人都被薄软指甲容易出现的指甲易断裂、分层和脱落等问题所困扰。出现这样的问题主要有两方面的原因：一方面，有的人生来指甲就是这样；另一方面，有的人可能是在美甲过程中出现了不正确的操作（如过度打磨、长期用不正确的手法去除可剥式指甲油或甲油胶等）。

薄软指甲的护理与保养可以分为预防和养护两种方式来进行。

预防指甲变软需注意以下几点。①避免使用免洗型洗手液。指甲养护中需要一定的水分来保持指甲角蛋白的可塑性，而免洗洗手液大多以酒精为基底，酒精会带走手部皮肤和指甲中的水分，从而导致皮肤变得越来越干燥，指甲也易断裂。②不要把指甲当作"工具"来使用，如用指甲撬或者抠挖硬物等，否则很容易导致指甲断裂或者甲床分离。③避免过度打磨甲面。④避免将指甲留得过长，指甲太长会导致指尖易折断。⑤避免修剪甲上皮。甲上皮可以保护指甲不被细菌侵入，为指甲的成长创造一个健康的环境。

软甲的养护需要注意以下几点。①养成良好的作息习惯。②适量补充生物素。指甲的新陈代谢期周期大约为6个月，连续服用6个月的生物素，可以起到强化指甲的作用。③坚持涂指缘油。油脂是指甲和指缘的"好朋友"，坚持涂指缘油可以预防指缘产生"倒刺"。指缘油可以滋养甲母质，促进指甲健康成长。此外，一些含有角蛋白的指缘油也具有修复受损甲床的功能。④坚持涂护甲油，这样可以从外部强化指甲。

硬甲的护理与保养

在日常生活中，硬甲相对软甲来说无疑是更好护理的，但这并不意味着硬甲就不需要保养。硬甲的护理需要非常重视指缘油的使用，指缘油可以让指甲变得更有韧性。在护甲时，要避免大量使用强韧型的护甲油，否则会导致指甲过硬，变得容易断裂。

指缘油的作用和类型

指缘油在手部和指甲的护理中扮演着非常重要的角色。指缘处的皮肤角质层较厚，更容易变得干燥，一般的护手霜已经满足不了指缘处皮肤对于油脂的需求，这时候指缘油就派上用场了。那么，应该如何选择指缘油呢？下面我给大家讲解一下。

市面上的指缘油有瓶装、管装和盒装等类型。其中瓶装指缘油较为常见，使用时，只需要用刷子蘸取些许涂抹在指缘处即可。瓶装的指缘油中还有一种带滴管的，这种指缘油可以自行分装在带刷头的瓶子里，携带方便。

管装的指缘油也很方便携带，打开盖子，管子头部有刷子的设计，非常实用。

盒装指缘油大多呈膏状，且膏体比较厚重，是滋养效果最好的一种指缘油，比较适合在睡觉前涂抹，可以让指缘处皮肤得到滋润。

❤ 指甲的色素沉淀问题处理

经常做美甲的人都避免不了指甲表面出现色素沉淀的问题，尤其是在长期大量涂深色指甲油/胶的情况下，指甲表面会有不同程度的泛黄现象。很多人会认为指甲泛黄就代表指甲不健康，其实这是一个误区。就像我们平时用手剥橘子，指甲也会被染色一样，指甲出现色素沉淀，缺点无非就是裸甲的时候有些不好看而已，这和指甲本身健康与否无关。网上流传的去除甲面色素沉淀的方法不外乎用美甲条打磨掉指甲表面带有色素沉淀部分，或者用美白牙贴、浸泡假牙清洁片溶液等对甲面色素进行清除。这些处理方法确实可以在一定程度上解决指甲色素沉淀的问题，但与此同时也会让我们的指甲变得更薄，因此个人不建议使用。

因为解决指甲色素沉淀的方法有限，所以指甲染色问题大多以预防为主，即在涂指甲油之前，先涂上一层底油。市面上有很多可以防止色素沉淀的底油，例如微光疗底油，大家可以根据自己的需要进行选购和使用。

有时候，一些指甲油可能因为配方的问题，就算涂了底油也没办法保证指甲不被染色，这时候应该怎么办呢？这里我教给大家一个方法。

第 1 步：取适量事先准备好的指甲面膜，涂抹在指甲表面。

第 2 步：等待 15~20 分钟后，甲面上的指甲面膜会变成透明状，这时候将指甲面膜从甲面上撕掉。

第 3 步：将面膜彻底撕掉之后，之前残留在甲面上的色素就会附着在指甲面膜上。

 **Tips**

以上方法只适合在刚刚卸除指甲油的情况下使用。如果色素在指甲上沉淀时间过长，采用这个方法也是很难清除的。

第 2 章

美甲制作的

基本技巧与方法

指甲的基本上色方法

上色是美甲的基础操作。一般来说，越基础的东西讲究的技巧和规则就越多。同时，越是简单的东西，也越容易被看出不完美的地方。那么该如何做好指甲油的基础上色呢？这里使用的工具其实很简单，只需要底油、指甲油和亮油即可。

第1步：确保指甲修剪规整且无油脂，然后将手摆放在一个自己觉得舒服的位置，将甲面涂上底油，待干。

 Tips

在甲面上涂完底油之后，需要注意将指甲前缘也涂抹一下，作为"包边"，如此可以让美甲效果更持久。

第2步：用刷子蘸取适量指甲油，然后在瓶口将过多的指甲油刮掉一些。

第3步：将刷子置于略低于指缘的地方。

第4步：将刷子推向指缘处，一次刷至甲尖。注意在每一次涂刷指甲油的时候，尽量做到一气呵成，避免来回涂抹。

第5步：将手指微微倾斜，然后用一笔带过式给指甲侧面涂上指甲油。

第6步：按照与上一步同样的方法，将另外一侧也涂上指甲油。

第7步：涂完甲面后，包边，涂完第一层指甲油。

第8步：待第一层指甲油干透后，按照同样的方法刷出第二层指甲油，并进行包边处理。

第9步：在指甲上涂抹一层亮油，让指甲油看起来更有光泽且效果更持久。

 Tips

每一瓶指甲油的饱和度都不同，涂刷时可根据自己的需求进行叠加，并注意每层都需要薄涂，这样指甲油才能够快速晾干。

如何制作具有渐变效果的美甲

美甲的渐变效果主要分为单色渐变和多色渐变。下面针对这两种不同的渐变效果的制作方法做一个较简单的讲解。

单色渐变效果的制作

单色渐变效果的美甲主要是通过同一种指甲油的饱和度变化和控制来完成的，使用的工具包括海绵、指甲油和亮油。

第1步：在海绵一角涂上一些指甲油。 第2步：从指尖处开始，将海绵上的指甲油轻轻拍在指甲上。第一层颜色的面积约占整个甲面的60%，待干。 第3步：在海绵上补充一些指甲油，拍出第二层颜色。第二层颜色的面积约占整个甲面的40%，待干。

   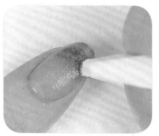

 **Tips**

如果不小心将指甲油涂出边线也没关系，只要用扁头刷子蘸取适量洗甲水，就可以将多余的部分清理掉。

第4步：继续在海绵上补充少量指甲油，拍在指尖处，直至颜色完全覆盖游离线，待干。 第5步：给甲面涂一层亮油，完成操作。

 **Tips**

在制作单色渐变效果的美甲时，一定要选择饱和度适中的指甲油，饱和度过高或过低都不容易出效果。

多色渐变效果的制作

多色渐变效果的美甲主要靠多种颜色的指甲油晕染，使用的工具包括两种或者两种以上颜色的指甲油、美甲海绵、防溢胶、美甲笔刷、洗甲水和亮油。

第1步：用事先准备好的指甲油中最浅的颜色给指甲打底。

 **Tips**

多色渐变可以先用白色指甲油打底，也可以像范例一样，用渐变颜色中较浅的颜色打底。

第2步：在指甲周围涂一层防溢胶。

第3步：在美甲海绵上涂上制作渐变效果所需的指甲油。

第4步：将指甲油轻轻拍在甲面上。

第5步：将指甲周围的防溢胶撕掉。

 **Tips**

如果甲面上的渐变效果不明显，可以重复第3步～第4步，直到甲面上形成较饱和的渐变颜色为止。

第6步：用笔刷蘸取洗甲水，将指甲周围多余的指甲油清理掉。

第7步：给指甲涂上一层亮油。

如何用印花材料制作美甲

随着市面上印花材料的增多，越来越多的人喜欢在美甲中制作出各种各样的印花效果，这些可以避免单色美甲带来的单调感，让指甲显得更别致、有趣一些。

通常来说，印花美甲需要的工具包括印花板、印花油、印章、刮板、洗甲水、棉片和镊子。

新的印花板表面都覆有一层保护膜，在使用前需要先将这层保护膜撕掉。如果是用过的印花板，在再次使用前需要先用洗甲水将板面擦干净。

印章的章头具有一定的黏性，特别容易附着灰尘和毛发，在使用前需要用胶带或者卷毛器将章头表面清洁一下。

印花的基本技巧

直接印花是所有印花操作的基础，在操作过程中使用的工具有印花板、印花油、印章、刮板、胶带、美甲笔刷、印花隔离油和亮油。

第 1 步：将印花油涂在印花板中自己喜欢的图案上。

第 2 步：用刮板刮去多余的印花油。

第 3 步：用印章以滚动的方式印取印花板上的图案。

 **Tips**

这一步注意用力要均匀，刮板时不要来回地刮，刮 1 次或 2 次就可以了。

 **Tips**

在使用印章印取图案时，注意动作要轻柔迅速，避免用力过大，否则很难印取到完整的图案。

第 4 步：将印章对准涂好底色的指甲，把印章上的图案转印到指甲上。

Tips

图案附着到甲面上需要一点黏性，第 3 步到第 4 步如果间隔的时间太长，印花油彻底干掉以后是很难转印的。当然，这里也可以在指甲上涂一层亮油，等至九成干时再转印，但这种方法只适合紧急情况下使用，常规情况下使用太浪费时间。

第 5 步：用胶带将粘在指甲周围皮肤上的图案清理干净。

 **Tips**

在印花前也可以先在指甲周围涂一圈防溢胶，这样转印后多余的图案会附着在防溢胶上，转印后撕去凝固的防溢胶即可。

第 6 步：用小刷子蘸取适量洗甲水，将指甲周围残留的指甲油清理掉。

第 7 步：印花完成后，在指甲表面涂一层水性亮油或者印花隔离油，待干。

第 8 步：涂一层亮油，完成操作。

 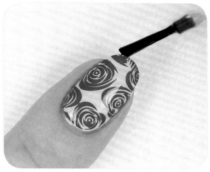 

渐变法的运用

渐变印花是指用两种或两种以上不同颜色的印花油制作出的印花效果。在操作过程中使用的工具有两种或两种以上颜色的印花油、刮板、印花板、印章、防溢胶、镊子、死皮推或桔木棒。

第 1 步：在印花板上选择一个自己喜欢的印花图案，用紫色印花油覆盖其中的一部分。

第 2 步：用粉色印花油覆盖印花图案的另外一部分，并用刮板刮去多余的印花油。

第 3 步：用印章迅速印取印花板上的图案。

第 4 步：在指甲周围涂上防溢胶，然后将印章对准涂好底色的指甲，并把印章上的图案转印到指甲上。

第 5 步：用死皮推或桔木棒分离防溢胶和甲面上的图案。

第 6 步：将指甲周围凝固的防溢胶撕去。如果想让印花效果更持久，可以最后给指甲涂一层亮油，并注意包边。

Tips

渐变印花并不局限于案例中示范的两种颜色搭配，可以采用 3 种及以上的颜色，并发挥自己的想象力，做出更多更好看的渐变印花效果。

叠印法的运用

　　叠印印花是指将印花板上一些零碎的元素叠印在一起，形成一个完整的印花图案。在操作过程中使用的工具有印花油、印花板、刮板和透明印章。

第 1 步：选取粉红色的印花油涂在火烈鸟图案上，并用刮板刮去多余的印花油。

第 2 步：用透明印章快速印取印花板上的火烈鸟图案。

第 3 步：将透明印章对准已打底好的指甲，并将印取的图案迅速转印到指甲上。

第 4 步：将棕色印花油涂在对应的火烈鸟图案上，并用刮板刮去多余的印花油。

第 5 步：用透明印章快速印取火烈鸟轮廓图案。

第 6 步：将透明印章对准指甲上的粉红色火烈鸟图案，然后把印取的图案迅速转印到指甲上。

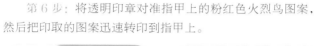

Tips

　　叠印印花效果的美甲制作要求转印的位置十分精准，因此会使用到透明印章。

三明治法的运用

　　三明治印花又叫作夹心印花，主要是将印花图案和半透明的指甲油通过多次叠加的方式，制作出如同三明治的印花效果，呈现出较好的层次感。在操作过程中使用的工具有指甲油、印花油、印花板、刮板、透明印章和胶带。

第 1 步：在涂了底油的指甲上薄薄地涂一层半透明指甲油。

Tips

　　为了方便制造层次感，这里建议选用饱和度不高的指甲油。

第 2 步：将白色印花油涂在印花板的雪花图案上，并用刮板刮去多余的印花油。

第 3 步：用透明印章迅速印取图案。

第 4 步：将印章印取的图案迅速转印到指甲上。

第 5 步：按照同样的方法转印第二个图案。

第 6 步：待甲面干透后，再涂一层半透明的指甲油。

Tips

在给指甲涂抹第二层指甲油时，注意动作要尽量轻一些，防止将印花图案拉花。

第 7 步：待第二层指甲油干透后，按照之前的方法继续从印花板上转印图案。

Tips

在制作第二层印花图案的时候，注意需要与第一层印花图案错落开来，这样会显得更有层次感。

第 8 步：将图案转印完之后，用胶带将粘在指甲周围皮肤上的图案清除掉。

第 9 步：如果想使层次感更强，可以按照以上同样的方法再制作第三层印花图案。

填色法的运用

填色印花是指用不同颜色的指甲油填满镂空的印花图案，然后把图案转印到指甲上。此项技法比较考验制作者的色彩搭配能力。填色印花效果可以通过两种方法实现：一种是直接在印取好图案的印章上填色，然后将填好色的图案转印到指甲上；另外一种是制作美甲贴纸，然后将其贴在指甲上。

● 在印章上填色

直接在印章上填色并转印的方法，比较适合没有直线等几何线条的美甲图案的制作。在操作过程中使用的工具有指甲油、印花油、印花板、刮板、印章、美甲笔刷和死皮剪。

第 1 步：将黑色印花油涂在选定的印花图案上，并用刮板刮去多余的印花油。

第 2 步：用印章迅速印取印花板上的图案。

第 3 步：用笔蘸取橘色指甲油，给印章上的花朵填色。

Tips

在给印花填色的时候，注意需选用颜色饱和度较高的指甲油。

第 4 步：用绿色指甲油给印章上的叶子填色。

第 5 步：用黄色指甲油给印章上的其他小花填色。

第 6 步：填色完成后，把印章放在一旁，晾干。

第 7 步：在指甲上涂两层白色指甲油作为底色。

第 8 步：待底色快干的时候，把印章上的印花转印到指甲上。

第 9 步：用死皮剪将指甲周围多余的印花图案清除掉。

Tips

在将印章上的印花转印到指甲上时，需要采用滚动的手法。滚动时不能太用力，否则会使印花图案裂开。

第 10 步：给指甲涂一层印花隔离油或水性亮油，待干。

第 11 步：给指甲涂一层快干亮油，晾干即可。

🍂 制作美甲贴纸

制作美甲印花贴纸适合带有直线元素的图案，这样可以避免在直接转印过程中印花出现变形。在操作过程中使用的工具有指甲油、印花油、印花板、刮板、印章、美甲笔刷、死皮剪、死皮推或枯木棒、镊子、亮油和海绵。

第 1 步：将黑色印花油涂在选定的印花图案上，并用刮板刮去多余的印花油。

第 2 步：用印章迅速印取印花板上的图案。

第 3 步：用笔蘸取红色指甲油，给图案上的花朵填色并待干。

第 4 步：给印章上填了色的图案轻轻涂一层亮油，待干。

第 5 步：在指甲上涂两层白色指甲油作为底色。

第 6 步：待底色快干的时候，将晾干的美甲印花贴从印章上轻轻揭下来，并粘贴在甲面上。

Tips

制作美甲印花贴时最好不要使用质地较厚的亮油，否则会导致最后的成品贴在甲面上时不伏贴。

第 7 步：用海绵或者指腹轻轻将粘贴在指甲上的印花按压平整。

第 8 步：用死皮推或枯木棒沿着指甲周围按压出痕迹。

第 9 步：用死皮剪将指甲周围多出来的图案清除掉。

第 10 步：用小刷子蘸取适量的洗甲水，将指甲周围清理干净。

第 11 步：给指甲涂一层印花隔离油或者水性亮油，待干。

第 12 步：给指甲涂一层快干亮油并等待晾干，完成操作。

缩印法的运用

每个人的指甲大小都不一样，而市场上的印花板上设计的图案大小都是相对统一的。如果指甲较印花板上的图案小，就可以通过缩印的方法来得到适合自己指甲大小的图案。在操作过程中使用的工具有印花油、印花板、刮板、透明印章和软头印章。

缩印前　　　　　　　　缩印后

第 1 步：把软头印章的章头从印章上取下来，放置在指甲油的瓶盖上，以方便后续操作。

 Tips

转印时需要选择一个可以发生很大形变的软头印章。

第 2 步：将黑色印花油涂在选定的印花图案上，并用刮板刮去多余的印花油。

第 3 步：用透明印章迅速印取印花板上的图案。

第 4 步：左手迅从四周速握住软头印章的章头，并保持下压，使章头呈现一种被撑开的状态。

Tips

对软头印章下压的力量越大，章头发生的形变越大，得到的缩印图案越小。

第 5 步：右手迅速将透明印章上的图案转印到软头印章的章头上，轻轻松开左手，章头即可恢复到初始的形状，图案也会跟着缩小，就会得到一个缩印图案。

第 6 步：按照前边案例中讲过的方法，将章头上的图案转印到指甲上。

扩印法的运用

扩印印花是相对于缩印印花存在的。当指甲比印花板上的图案大的时候，可以利用易形变的印章将其进行扩印，以此来得到大小合适的印花图案。在操作过程中使用的工具有美甲硅胶垫、印花油、印花板、刮板、软头印章和亮油。

扩印前

扩印后

第 1 步：在美甲硅胶垫上刷一层亮油，面积可以比正常的指甲大一些，然后晾至九成干。

第 2 步：将黑色印花油涂在自己喜欢的印花图案上，并用刮板刮去多余的印花油。

第 3 步：用软头印章迅速印取印花板上的图案。

第 4 步：用手指紧紧捏住章头，使其表面尽量扩张开来。

第 5 步：保持章头扩张的状态，将图案转印到美甲硅胶垫中涂有亮油的位置，得到下图左下角所示的图案。

第 6 步：按照前边案例中讲过的方法，将图案转印到指甲上。

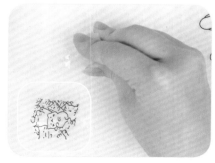

Tips

○　此时软头印章的章头扩张越明显，转印出来的印花图案就越大。

如何用美甲贴制作美甲

市场上各种各样的美甲贴的出现，使得美甲变得更加简单方便。美甲贴一般可以分为全甲贴、水印贴纸和背胶贴纸。

全甲贴的运用

全甲贴的出现可谓美甲新手和平时生活特别忙碌的女士们的福音，用起来特别轻松和方便。在操作过程中使用的工具包括美甲贴、酒精棉、美甲条、指甲油和硅胶笔。

第 1 步：用酒精棉擦拭指甲，去除指甲表面的油脂。

第 2 步：准备好一套美甲全甲贴，然后选择一个合适的甲贴，取下后对准指缘，贴在干净的甲面上。

第 3 步：用硅胶笔或者干净的指腹把美甲贴按压平整。

Tips

用酒精棉清理好甲面油脂后，不要用指腹触碰甲面，以免再生油脂，影响美甲贴的附着力。

Tips

贴到指尖的时候，用手指把全甲贴适当撑开一些，避免全甲贴皱在一起。

第 4 步：用美甲条将多余的美甲贴锉掉。

第 5 步：给指甲涂一层亮油，并进行包边处理。

Tips

贴完甲贴之后，5 个小时内双手不能浸泡热水，否则会导致甲贴过早脱落。

水印贴纸的运用

美甲水印贴纸在使用前需要用水浸泡，使图案和背板分离，然后在湿润的状态下贴在甲面上作为装饰，使用起来非常方便。在操作过程中使用的工具有水印贴纸、水、装水的小容器、镊子、剪刀、纸巾和亮油。

第 1 步：从水印贴纸上剪下一款自己喜欢的图案。

第 2 步：撕去图案表面的塑料纸待用。

第 3 步：将水印贴纸放在水里浸泡 10~15 秒。

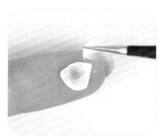

Tips

如果是在冬季，由于室内温度过低，可以使用温水浸泡水印贴纸。

第 4 步：取出水印贴纸，将图案和背板分离。

第 5 步：趁贴纸还处于湿润的状态，把贴纸贴到底色已经干透的指甲上。

第 6 步：用干净的指腹把贴在甲面上的水印贴纸按压伏贴。

第 7 步：按照以上方法，继续将其他的图案也粘贴到指甲上。

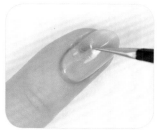

Tips

在粘贴图案时，注意保持图案错落有致，使甲面整体看起来更加美观。

第 8 步：用纸巾将甲面上的水吸干。

第 9 步：给指甲涂一层亮油并包边。

背胶贴纸的运用

背胶贴纸也是一种很常见的美甲装饰贴纸，这种贴纸自带背胶，可以直接贴在指甲上，非常方便。在操作过程中使用的工具有美甲背胶贴纸、硅胶笔、镊子、亮油和死皮剪（也可用小剪刀）。

第 1 步：用镊子揭下一块背胶贴纸。

第 2 步：把贴纸贴到指甲上自己觉得理想的位置。

第 3 步：用硅胶笔将指甲上的贴纸按压平整，使其伏贴。

 **Tips**

这一步注意不要用手指接触贴纸的背胶，否则会影响贴纸的附着力。

 **Tips**

注意贴纸要在底色干透之后再贴上去。

第 4 步：按照以上方法，继续将其他一些图案粘贴到指甲上，并用小剪刀或者死皮剪剪去贴纸的多余部分。

第 5 步：给指甲涂一层亮油。

如何用星空纸制作美甲

美甲星空纸是一种带有金属光泽的美甲转印纸，是一种比较常见的用来装饰美甲的材料。市场上销售的美甲星空纸大多采用透明小圆管包装，使用起来很方便快捷。一般来讲，美甲星空纸可以用作全甲装饰，也可以用作点缀。

❖ 全甲装饰 ❖

使用星空纸做全甲装饰的过程中，使用的工具有美甲星空纸、美甲星空胶、水性亮油、普通亮油和硅胶笔。

第1步：将美甲星空纸裁成小块，以便使用。

第2步：在底色干透的甲面上涂上美甲星空胶。

第3步：待星空胶变透明后，将星空纸亮面朝上，平整地贴在甲面上。

 Tips

在涂有指甲油的甲面上进行星空纸转印一般需要借助星空胶。星空胶是专门用来转印星空纸的胶水，不是光疗胶，可自然晾干，无须照灯固化。

第4步：用硅胶笔对贴有星空纸的纸面进行按压，以便将星空纸图案平整地转印在指甲上，然后揭下星空纸。

第5步：给指甲涂一层水性亮油，待干。

第6步：给指甲涂一层普通亮油，晾干。

 Tips

直接涂一层普通亮油，会使星空纸的光泽变得暗淡；而先涂一层水性亮油隔离一下，再涂普通亮油，则可以避免这个问题。

局部装饰

星空纸除了可以用来做全甲装饰，还可以做局部点缀装饰，效果也很好。在操作过程中使用的工具有星空纸、美甲星空胶、水性亮油和普通亮油。

第 1 步：在底色干透的甲面上随意涂一些美甲星空胶，晾干。

第 2 步：将美甲星空纸亮面朝上，在甲面上随意贴一下并迅速移开，美甲星空纸上的图案即被局部转印到指甲上。

第 3 步：重复以上动作，继续将更多的图案粘贴到指甲上。

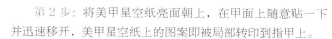 Tips

这一步需要注意的是，粘贴在指甲表面上的星空纸图案不可过量，最好是让甲面保留一定的留白区域，这样看起来才比较好看。

第 4 步：给指甲涂一层水性亮油，待干。

第 5 步：给指甲涂一层普通亮油并晾干，完成操作。

如何用镂空纸制作美甲

美甲镂空纸是美甲中经常用到的工具。相比印花和手绘方法而言，美甲镂空纸的使用会简单很多。

装饰贴纸的制作

装饰贴纸主要是指将镂空纸放在硅胶垫上，然后用指甲油填充镂空图案制作而成的美甲帖纸。在美甲操作过程中使用的工具有美甲硅胶垫、美甲镂空纸、美甲海绵、指甲油、亮油和镊子。

Tips

这里要用海绵拍压的方式给镂空纸填充指甲油，而不是直接用指甲油涂抹。这是因为直接涂抹很容易导致填色厚薄不均匀。

第1步：从美甲镂空纸贴上选择一个自己喜欢的镂空图案，用镊子揭下来，贴在美甲硅胶垫上。

第2步：选择一款合适的指甲油，取足量指甲油涂抹在美甲海绵上。

第3步：用海绵将指甲油拍在美甲镂空纸上，直到美甲镂空纸上的颜色变得饱和、均匀。

第4步：趁指甲油未干，迅速将美甲镂空纸从美甲硅胶垫上撕掉。

第5步：在等待镂空图案晾干时，给指甲涂一层指甲油作为打底。

第6步：待指甲油九成干时，用镊子夹取硅胶垫上的星星图案，错落有致地粘贴在指甲上。

第7步：将星星图案贴完之后，在指甲表面涂一层亮油，并进行包边处理。

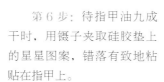

全甲贴纸的制作

除了可以像前面的案例一样，将图案一个个地贴在甲面上之外，还可以像制作美甲印花贴纸那样制作全甲贴纸。在操作过程中使用的工具有美甲硅胶垫、美甲镂空纸、美甲海绵、指甲油、亮油、镊子、死皮剪（也可用小剪刀）、美甲笔刷、洗甲水、胶带和死皮推（也可用桔木棒）。

第 1 步：从美甲镂空纸贴上选择一个自己喜欢的镂空图案，用镊子揭下来，贴在美甲硅胶垫上。

第 2 步：选择一款合适的指甲油，取足量指甲油涂抹在美甲海绵上。

第 3 步：用海绵将指甲油拍在美甲镂空纸上，直到美甲镂空纸上的颜色变得饱和、均匀。

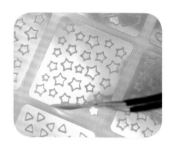

第 4 步：趁指甲油未干，迅速将美甲镂空纸从美甲硅胶垫上撕掉，晾干。

第 5 步：用胶带将硅胶垫上多余的指甲油清理掉。

第 6 步：在硅胶垫上的图案表面涂一层亮油，待干。

 **Tips**

第 1 步～第 4 步的操作与制作装饰贴纸的方法一样。

第 7 步：选择一款合适的指甲油给指甲打底，将晾干的美甲贴从硅胶垫上揭下来并贴于甲面。

第 8 步：用海绵或者指腹轻轻将印花图案按压平整。

第 9 步：用死皮推或者桔木棒沿着指甲边缘按压出痕迹。

 **Tips**

注意要在底色差不多九成干的时候往指甲上贴图案。

第 10 步：沿着按出的痕迹，用死皮剪或者小剪刀将指甲周围多余的图案剪掉。

第 11 步：用小刷子蘸取适量洗甲水清理一下指甲周围，使其变得干净整洁。

第 12 步：给指甲涂一层亮油，并进行包边，完成操作。

如何用金葱粉制作美甲

金葱粉是美甲闪粉的一种，很多人以为这种粉只能应用在光疗甲上，其实在指甲油上也是可以使用的。在制作过程中使用的工具包括美甲金葱粉、死皮推、扇形刷子、指甲油和亮油。

第 1 步：在指甲表面涂 1~2 层和金葱粉颜色一样的指甲油作为打底。

第 2 步：涂完第二层指甲油后，借助死皮推的反面或者小勺子，立即将美甲金葱粉撒在指甲油表面上。

 Tips

撒金葱粉一定要在指甲油湿润的情况下进行，这样金葱粉才能很好地附着在指甲表面。

第 3 步：用扇形刷子轻轻扫去指甲周围多余的粉末，并将指甲表面多余的金葱粉也扫掉。这时候指甲表面虽然已经干了，但是里层还是湿的，要等到里层干透后才能涂亮油。

第 4 步：给指甲涂上一层亮油，使美甲效果更加持久、有光泽。

如何用魔镜粉制作美甲

美甲魔镜粉可以给纯色指甲带来别样的色调和光泽感。很多人以为魔镜粉只能使用在光疗甲上，实际上它也可以用在指甲油上。对魔镜粉的使用可以分为直接使用和通过印章转印这两种方式。

直接使用

直接使用魔镜粉制作美甲是指在指甲油未干透且还有黏性的情况下，用干净的指腹或者硅胶笔蘸取魔镜粉，使其附着在甲面上，并打磨出光泽。在操作过程中使用的工具有美甲魔镜粉、防溢胶、水性亮油、普通亮油、美甲笔刷、洗甲水和镊子。

第 1 步：选择一款指甲油给指甲打底，在干透的指甲油表面上涂一层水性亮油。

第 2 步：在指甲周围涂一层防溢胶。

第 3 步：趁水性亮油还未干透，以点按的手势，用指腹将魔镜粉轻轻涂满整个甲面。

Tips

应该在水性亮油晾干至可以用手指触摸并留下指纹的时候上魔镜粉。

第 1 步：用指腹轻轻打磨指甲表面，直到呈现出理想的光泽感。

第 5 步：在打磨完指甲表面之后，轻轻将指甲边缘也打磨一下，作为包边。

第 6 步：将指甲周围的防溢胶撕去。

第 7 步：给指甲表面涂一层水性亮油，待干。

第 8 步：在水性亮油的基础上涂一层普通亮油。

第 9 步：用笔刷蘸少量洗甲水，将指甲周围清理干净，完成操作。

Tips

在遇到激光粉、极光粉和独角兽粉等美甲粉末时，都可以采用这种方法制作美甲。

转印使用

魔镜粉除了可以直接涂在甲面上，还可以借助印章转印到甲面上。在操作过程中使用的工具有美甲魔镜粉、防溢胶、水性亮油、普通亮油、镂空纸、镊子和印章。

第1步：选取一块镂空纸，将其贴在印章上。

第2步：用指腹将魔镜粉以点按的手势轻轻涂满整个镂空纸。

第3步：用指腹轻轻将墨镜粉打磨出一定的光泽感。

第4步：用镊子揭掉镂空纸。

第5步：用自己喜欢的指甲油打底，在指甲周围涂上一层防溢胶。

第6步：在干透的指甲表面涂一层水性亮油，晾至九成干。

第7步：将印章上的魔镜粉转印到甲面上。

第8步：用镊子将指甲周围的防溢胶轻轻撕去。

第9步：给指甲表面涂一层水性亮油，待干。

第10步：在水性亮油的基础上涂一层普通亮油，并进行包边，完成操作。

第 3 章

季节主题
美甲设计实例

春夏系列

冬去春来，脱去暗沉的大衣，指甲也可以换上五彩缤纷的"新衣"了。清新粉嫩的马卡龙色系，加上美丽的花花草草、新鲜的水果或者清新的海洋沙滩元素，便构成了甜美可爱的春夏季美甲。

扫 码 看 视 频

❖ 春日彩色郁金香美甲 ❖

春天是郁金香盛开的季节。郁金香颜色清新浪漫，在日常生活中象征着高雅、珍贵，由此也受到很多女孩子的喜爱。

- 💙 **使用工具**

  指甲油： Poshe 底油、Seche Vite 快干亮油、OPI F83 Polly Want a Lacquer、Color Club N06 Almost Famous、Essie 801 Mojito Madness 和 Born Pretty 水性亮油。

  印花油： Moyou London 黑色印花油。

  印花板： Moyou London ProXL 12。

  其他工具： 美甲笔刷、洗甲水、桔木棒、剪刀、防溢胶、印章和刮板。

- 💙 **操作时长：** 1 小时 30 分钟。

- 💙 **操作难度：** 中等。

♥ 操作步骤

1 将黑色印花油涂在印花板的郁金香图案上，并用刮板刮去多余的印花油。

2 用印章迅速印取印花板上的郁金香图案。

3 用笔蘸取淡紫色的指甲油，给部分郁金香花朵填色。

4 用黄色指甲油给剩下的郁金香花朵填色。

5 用草绿色指甲油给郁金香的叶子填色。

Tips

填色的时候，注意笔尖蘸取的指甲油可以稍微多一些，这样笔尖在填色过程中就不会接触印章，也就不会破坏印章上的印花线条。

6 填色完成后，把印花图案放在一边晾干备用。

7 给指甲涂一层底油，晾干。

8 给食指的指甲涂上黄色指甲油。

9 给小拇指和大拇指的指甲涂上淡紫色指甲油。

10 待第一层颜色干透后，给指甲涂上第二层颜色，使指甲颜色看起来饱和、均匀。

11 将印章上的印花转印到中指和无名指的指甲上。

12 用桔木棒沿着指甲周围轻轻按压出痕迹。

13 用剪刀将指甲周围多余的印花图案清理掉。

Tips

在将印章上的印花转印到指甲上时，如果发现印花已经干透而无法顺利粘贴在指甲上，可以先在指甲上涂一层亮油，待亮油九成干的时候再进行转印操作。

14 用小刷子蘸取适量洗甲水，将指甲周围清理干净。

15 给粘贴有印花图案的指甲涂上一层印花隔离油或者水性亮油，待干。

16 给所有指甲油涂一层快干亮油，使其能够迅速晾干并且让美甲效果更持久、更有光泽，完成操作。

扫 码 看 视 频

❖ 夏日清新柠檬美甲 ❖

亮眼的柠檬黄与清新的草绿色搭配在一起，再配上可爱的柠檬图案，既不挑肤色，又让人感觉神清气爽。

💛 **使用工具**

指甲油： Poshe 底油、Seche Vite 快干亮油、Zoya ZP852 Ness、NCLA 163 Lemonade、Essence 33 Wild White Ways 和 Born Pretty 水性亮油。

印花油： Moyou London 黄色印花油。

印花板： Moyou London Tropical 34。

其他工具： 美甲笔刷、洗甲水、剪刀、文具胶带、印章和刮板。

💛 **操作时长：** 1 小时。

💛 **操作难度：** 较低。

❤ 操作步骤

1. 确保指甲干净整洁，给指甲涂一层底油，待干。

2. 给食指和小指的指甲涂上草绿色指甲油。

3. 给中指的指甲涂上柠檬黄指甲油。

4. 给无名指和大拇指的指甲涂上白色指甲油。

5. 待第一层颜色干透后，使用对应的颜色给指甲涂上第二层颜色，使指甲颜色看起来饱和、均匀。

6. 将黄色印花油涂在印花板的柠檬图案上，并用刮板刮去多余的印花油。

7. 用印章迅速印取印花板上的柠檬图案。

8. 将印取的柠檬图案转印到涂有白色指甲油的指甲上。

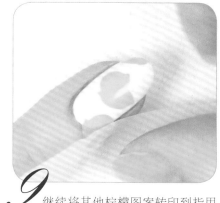

9. 继续将其他柠檬图案转印到指甲上，多余的部分可以用文具胶带清理掉。

 **Tips**

在将柠檬图案转印到指甲上时，注意甲面留白，这样指甲看起来会比较美观。

10 在印花板上找到对应的柠檬叶子图案，用绿色印花油印取该图案。

11 将柠檬叶子转印到指甲上，使其和柠檬图案自然衔接起来。

12 在印花板上选择一些零碎的柠檬叶子图案，将其转印到指甲上的一些空白处，作为点缀修饰。

13 用小刷子蘸取适量洗甲水，将指甲周围清理干净。

14 给指甲涂一层印花隔离油或者水性亮油，待干。

15 给所有指甲都涂一层快干亮油，晾干即可。

扫码看视频

❧ 法式可爱仙人掌美甲 ❧

在日常生活中，仙人掌是一种常见的装饰图案，既清新又可爱，无论是在手机壳、包包上，还是衣服上，都能看见它的身影。

🖤 **使用工具**

指甲油： Poshe 底油、Seche Vite 快干亮油、Essie 801 Mojito Madness、OPI T71 It's in the Cloud、H&M Ice Cold Milk、H&M Flamingo Flush、Born Pretty 水性亮油和 Sally Hansen 亮油。

印花油： Moyou London 黑色印花油。

印花板： Moyou London Hipster 18 和 Moyou London Holy Shapes 19。

其他工具： 美甲笔刷、洗甲水、剪刀、防溢胶、文具胶带、印章和刮板。

🖤 **操作时长：** 2 小时。

🖤 **操作难度：** 中等。

● **操作步骤**

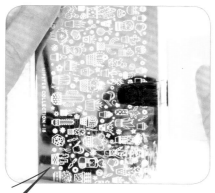

1 将黑色印花油涂在印花板的仙人掌图案上，并用刮板刮去多余的印花油。

2 用印章迅速印取印花板上的仙人掌图案。

3 用绿色指甲油给仙人掌填色，用粉红色指甲油给花盆填色。

4 待上边涂的颜色干透之后，在图案表面涂一层亮油，待干。

5 给所有指甲涂一层底油，待干。

6 给所有指甲上涂一层透白色指甲油。

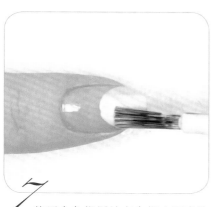

7 使用白色指甲油在食指上画出法式半圆。

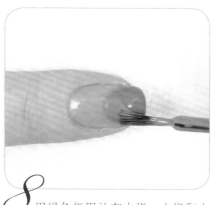

8 用绿色指甲油在中指、小指和大拇指上画出法式半圆。

9 在食指指缘处涂一层防溢胶。

 **Tips**

在画法式半圆时，若无法做到一笔成型，可以在画好后，用小刷子蘸取适量洗甲水，把边缘慢慢修整平滑，使其自然。

10 将黑色印花油涂在印花板上的直线图案上，并用刮板刮去多余的印花油。

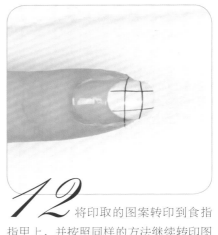

11 用印章迅速印取印花板上的直线图案。

12 将印取的图案转印到食指指甲上，并按照同样的方法继续转印图案，直至图案呈九宫格形状。

13 用镊子将食指周围的防溢胶撕去。

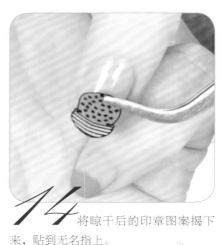

14 将晾干后的印章图案揭下来，贴到无名指上。

Tips

此时如果图案没法顺利贴到指甲上，可以在甲面上涂一层亮油，待到八九成干时再将印花图案贴上去。

15 用指腹将贴到无名指上的图案按压平整。

16 在仙人掌图案顶部用粉色指甲油画一朵小花，并用黄色指甲油点出花蕊。

17 给所有指甲油涂一层快干亮油，完成操作。

扫码看视频

清凉海滩椰树美甲

椰子树、沙滩、贝壳、海鸥和碧海蓝天这些元素搭配在一起，组成了这款非常具有夏天味道的美甲。在炎热的夏日里，这些元素可以给指尖带来一丝丝凉意。

- **使用工具**

指甲油： Poshe 底油、Seche Vite 快干亮油、OPI T71 It's in the Cloud、Zoya ZP668 Rocky、Zoya ZP653 Blu 和 Zoya ZP658 Godiva。

其他工具： 美甲装饰贴纸、海洋风金属装饰、美甲珍珠、美甲笔刷、洗甲水、防溢胶、海绵和美甲专用胶水。

- **操作时长：** 1 小时 30 分钟。
- **操作难度：** 中等偏低。

1 给所有指甲涂一层底油，待干。

2 待底油干后，给所有指甲涂一层白色指甲油。

3 在指缘处涂一层防溢胶。

4 选择 2~3 款颜色合适的指甲油，在海绵上涂出需要的渐变颜色。

5 将海绵上的渐变颜色轻轻拍在甲面上，直到甲面上呈现出饱和的渐变色为止。

Tips

在给甲面上渐变颜色的时候，要确保之前涂抹的白色指甲油已经干透。

6 用镊子将指缘处的防溢胶轻轻撕去。

7 用小刷子蘸取适量洗甲水，将指甲周围清理干净。

8 在指尖处涂抹一圈流沙质地的指甲油，使其呈现出沙滩的质感。

9 给所有指甲涂一层快干亮油，然后晾干。

10 待亮油干透之后，取一些自己喜欢的椰树图案贴纸，贴在大拇指、食指和小指的指甲上。

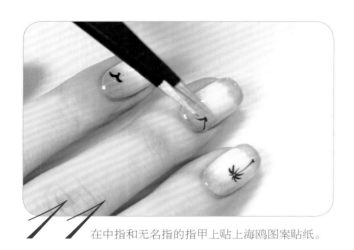

11 在中指和无名指的指甲上贴上海鸥图案贴纸。

12 选择一些海洋风格的饰品，用亮油辅助粘贴到指甲的合适位置。

 **Tips**

　　如果想要追求更加持久的美甲效果，可以用美甲专用胶水粘贴饰品。

13 给所有指甲油涂一层快干亮油，完成操作。

Tips

1. 受指甲油本身的特性限制，在操作过程中不适合粘贴过于夸张的饰品，应尽量选用一些比较小巧的饰品。

2. 使用质地比较厚的亮油能较好地封住美甲饰品。

扫码看视频

法式小雏菊美甲

最初的法式美甲是指用纯白色指甲油在指尖处画出一道"微笑线"的美甲款式，而现在的法式美甲已经演变出了各种不同的款式和类型。这款法式小雏菊美甲用小雏菊的图案代替了传统的白色微笑线，显得更加清新可爱，且少女范儿十足。

♥ 使用工具

指甲油：Poshe 底油、Seche Vite 快干亮油、Essie 801 Mojito Madness、Essie 702 Mint Candy Apple、OPI L00 Alpine Snow、Zoya ZP663 Darcy 和 Sally Hansen 亮油。

印花油：Moyou London 黑色印花油。

印花板：Moyou London Trend Hunter 02 和 Moyou London Frenchy 11。

其他工具：美甲笔刷、洗甲水、剪刀、防溢胶、文具胶带、印章和刮板。

♥ 操作时长：2 小时 30 分钟。

♥ 操作难度：中等。

❤ 操作步骤

1 将黑色印花油涂在印花板的雏菊图案上，并用刮板刮去多余的印花油。

2 用印章迅速印取印花板上的雏菊图案。

3 用胶带将印花周围的网格图案清理掉。

4 在印花表面涂一层亮油，放在一边晾干。

5 将黑色印花油涂在另外一块印花板的小雏菊图案上，用刮板刮去多余的印花油，并用印章迅速印取印花图案。

6 用白色指甲油给小雏菊花瓣填色。

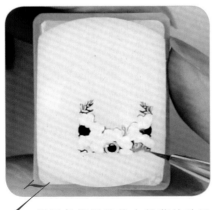

7 用绿色指甲油给小雏菊的叶子填色。

8 按照同样的方法，继续制作出另外的印花图案。

9 填色完成后，给印花表面涂一层亮油，放在一边晾干。

10 将最开始制作好的印花从印章上揭下来，翻面贴在另外一个印章上。

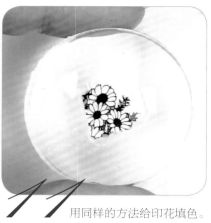

11 用同样的方法给印花填色。

12 给所有指甲涂一层底油，待干。

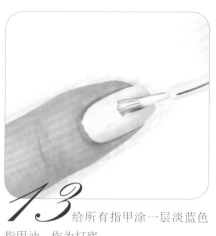

13 给所有指甲涂一层淡蓝色指甲油，作为打底。

14 给每个指甲的周围涂一层防溢胶。

15 取一块干净的印章，在章面上随意点一些白色和浅蓝色指甲油。

16 迅速把印章上的指甲油轻轻拍在指甲上，使其在指甲上形成好看的晕染效果。

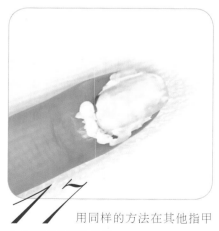

17 用同样的方法在其他指甲上也按压出晕染效果。

18 用镊子将指甲周围的防溢胶撕去。

19 用小刷子蘸取适量洗甲水，将指甲周围清理干净。

20 给每个指甲涂一层快干亮油。

21 待亮油九成干的时候，把之前制作的印花从印章上揭下来，贴在除大拇指指甲以外的指甲上。

22 将印花图案贴好之后，用剪刀将指甲周围多余的图案修剪掉。

23 把翻转填色后的印花贴在大拇指的指甲上。

24 用剪刀将指甲周围多余的图案修剪掉。

25 用黄色指甲油点出小雏菊的花蕊。

26 用小刷子蘸取适量洗甲水，将指甲周围清理干净。

27 给所有指甲油涂一层快干亮油，完成操作。

秋冬系列

秋冬美甲的设计相较于春夏美甲而言，颜色上会以沉稳色调为主，质地更偏向于磨砂亚光效果。

扫码看视频

❧ 绿色磨砂格纹美甲 ❧

格纹是永不过时的经典元素，磨砂也是秋冬季节不可或缺的美甲元素。这款美甲将这两种元素巧妙地结合在一起，婉约中透露着几分时尚，复古中透露出几分新潮。

- **使用工具**

  指甲油： Poshe 底油、Seche Vite 快干亮油、OPI 磨砂顶油、Essie 967 Off Tropic 和 Zoya ZP826 Ireland。

  印花油： Moyou London 金色印花油。

  印花板： 春之歌 L010 和 Moyou London Holy Shapes 19。

  其他工具： 美甲笔刷、洗甲水、防溢胶、文具胶带、印章、刮板、美甲金属饰品和美甲专用胶水。

- **操作时长：** 1 小时 30 分钟。

- **操作难度：** 中等。

❤ 操作步骤

1 给所有指甲涂一层底油，待干。

2 在食指的指甲上涂一层墨绿色指甲油。

3 在其他指甲上涂一层淡绿色指甲油。

4 按照以上同样的方法，给每个指甲叠加上色，直到指甲颜色变得饱和、均匀。

5 给除了食指指甲以外的指甲周围涂一层防溢胶。

6 将食指指甲所用的墨绿色的指甲油涂在印花板的格纹图案上，并用刮板刮去多余的指甲油。

7 用透明印章迅速抓取印花板上的格纹图案。

8 快速将印章上的图案转印到涂有浅绿色指甲油的指甲上。

 Tips

转印格纹图案时，注意手势要稳而快，这样才能保证转印出的图案不会扭曲。

9 轻轻按压指甲周围，使指甲上的图案和防溢胶上的图案分离。

10 用镊子将指甲周围的防溢胶撕去。

11 在食指的指甲上涂一层亮油，作为黏合剂。

12 迅速在食指的指甲根部粘上一些小饰品。

13 将印花油涂在印花板的直线图案上，并用刮板刮去多余的印花油。

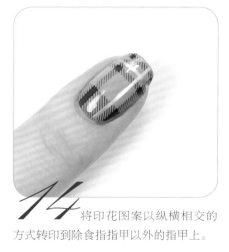

14 将印花图案以纵横相交的方式转印到除食指指甲以外的指甲上。

15 给有印花图案的指甲涂一层印花隔离油或者水性亮油，待干。

16 给所有指甲涂一层快干亮油，完成亮面效果。

17 给所有的指甲涂上一层磨砂顶油，完成磨砂效果。

 Tips

在给指甲涂磨砂顶油的时候，注意一定要先涂一层印花隔离油或者水性亮油，避免磨砂顶油将印花图案弄花。

扫 码 看 视 频

❧ 南瓜色大理石美甲 ❧

　　大理石纹是美甲的常见元素，南瓜色在秋日更是大行其道，而将这两个元素结合在一起，又会产生什么样的"火花"呢？这款美甲的大理石纹并不需要使用画笔来画，而是利用印章和硅胶垫完成，操作起来会很方便。

- 🍂 **使用工具**

　　指甲油： Poshe 底油、Seche Vite 快干亮油、OPI V26 It's a Piazza Cake、H&M Ice Cold Milk 和 Zoya ZP698 Tomoko。

　　其他工具： Seche Vite 指甲油稀释剂、美甲笔刷、洗甲水、防溢胶、文具胶带、印章、美甲硅胶垫和点花笔。

- 🍂 **操作时长：** 1 小时 30 分钟。

- 🍂 **操作难度：** 中等偏低。

❤ 操作步骤

1 给所有指甲涂一层底油，待干。

2 在大拇指、中指和无名指的指甲上涂一层透白色甲油。

3 给食指和小指的指甲涂一层南瓜色指甲油。

4 继续上一步，用对应颜色的指甲油给每个指甲叠加上色，直到指甲颜色变得饱和、均匀。

5 取一些 Zoya ZP698 Tomoko 指甲油到调色盘里，添加一些指甲油稀释剂，并调和均匀。

Tips

这里之所以要添加稀释剂，是因为这样方便拉出线条。当然，如果选用的指甲油本身质地就比较稀薄，则可以不用添加稀释剂。

6 用拉线笔给食指和小指指甲的指尖画一道金边。

7 在涂有透白色指甲油的指甲周围涂一层防溢胶。

8 在美甲硅胶垫上涂一层厚厚的透白色指甲油。

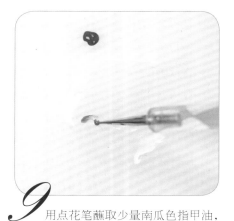

9 用点花笔蘸取少量南瓜色指甲油，随意地点在透白色指甲油上。

10 在硅胶垫上随意划拉出一些线条，形成大理石纹理效果。

11 用印章印取大理石纹图案，将印取的图案转印到中指的指甲上。

Tips

用印章印取硅胶垫上的大理石纹图案时，手速要尽量快；将图案转印到甲面上时，要注意留白。

12 按照同样的方法，继续给大拇指和无名指的指甲转印大理石纹图案。

13 用小刷子蘸取适量洗甲水，将指甲周围清理干净。

14 用镊子将防溢胶轻轻撕去。

15 在中指、无名指和大拇指的指甲上再涂一层透白色指甲油，柔和一下线条。

16 蘸取少量 Zoya ZP698 Tomoko 指甲油，在中指、无名指和大拇指的指甲上随意点刷几下，作为点缀修饰。

17 给所有指甲涂一层快干亮油，完成操作。

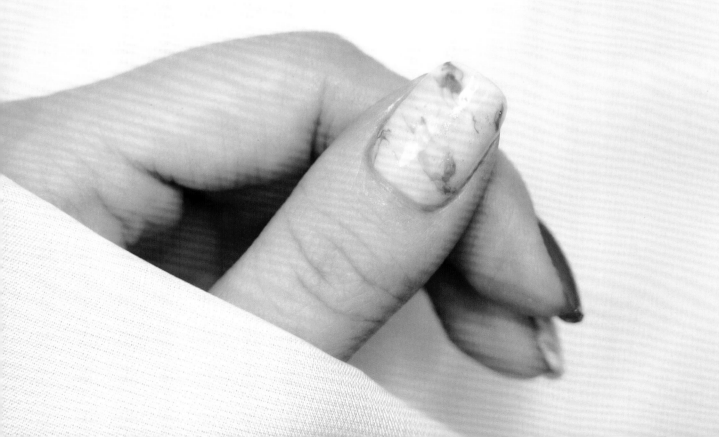

扫码看视频

<h1 align="center">磨砂复古印花美甲</h1>

    军绿色和姜黄色也是秋季的流行色，在美甲过程中将这两种颜色搭配在一起，再加上一层磨砂顶油，美甲会显得非常有质感。这款美甲展示了两种不同的转印填色印花的方法，大家可以对比一下，然后根据自己的喜好进行选择。

💛 **使用工具**

    指甲油：Poshe 底油、Seche Vite 快干亮油、OPI 磨砂顶油、OPI L00 Alpine Snow、Zoya ZP524 Shawn、Color Club 1039 Je Ne Sais Quoi、Born Pretty 水性亮油和 Sally Hansen 亮油。

    印花油：Moyou London 黑色印花油。

    印花板：Moyou London Flower Power 04。

    其他工具：美甲笔刷、洗甲水、印章、刮板和剪刀。

💛 **操作时长：**2 小时 30 分钟。

💛 **操作难度：**中等。

1 将印花油涂在印花板的一款花卉图案上，并用刮板刮去多余的印花油。

2 用印章迅速印取整个图案，待用。

3 将印花油涂在印花板中自己喜欢的图案上，并用刮板刮去多余的印花油。

4 用印章迅速印取印花板上的图案。

5 使用同样的方法，另外用3个印章印取一些单个的图案。

6 用白色指甲油给所有小花粗略地填一遍色。

7 用画笔蘸取白色指甲油，细致地为小花填色。

8 给一开始印取的印花图案涂一层亮油，然后晾干。

9 给每个指甲涂一层底油，然后晾干。

10 在食指和小指的指甲上涂一层军绿色指甲油。

11 在中指和大拇指的指甲上涂一层姜黄色指甲油。

12 选择对应颜色的指甲油，给每个指甲叠加上色，直至颜色变得饱和、均匀。

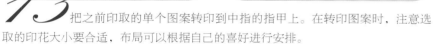

13 把之前印取的单个图案转印到中指的指甲上。在转印图案时，注意选取的印花大小要合适，布局可以根据自己的喜好进行安排。

14 继续将其他图案转印到中指的指甲上，将指甲周围多余的图案清理掉。

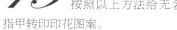

15 按照以上方法给无名指的指甲转印印花图案。

16 把第8步中制作好的印花贴从印章上揭下来。

17 把印花贴上的图案分离开来，得到四朵小花。

82

Tips

无论是采用直接转印的方式制作印花，还是采用印花贴的方式制作印花，都应在指甲油晾干至还有一点点黏性的时候进行转印。

18 把剪好的印花图案按照自己的构图想法贴在大拇指的指甲上。

19 将指甲周围多余的印花图案清理干净。

20 给有印花图案的指甲涂一层印花隔离油或者水性亮油，待干。

21 给所有指甲油涂一层快干亮油，完成亮面效果。

22 给所有指甲涂一层磨砂顶油，完成磨砂效果。

扫码看视频

❖ 古典仿刺绣印花美甲 ❖

　　这款美甲运用印花板的花纹搭配出刺绣的纹理效果，加上深蓝色的包边设计，更显精致和婉约。姜黄色搭配较为暗沉的秋冬季主色调，为整体美甲带来了一抹亮丽的色彩。

💙 **使用工具**

　　指甲油： Poshe 底油、Seche Vite 快干亮油、OPI 磨砂顶油、Essie 138 Pre Show Jitters、OPI F57 Keeping Suzi at Bay、Color Club 1039 Je Ne Sais Quoi 和 Born Pretty 水性亮油。

　　印花油： OPI F57 Keeping Suzi at Bay。

　　印花板： Moyou London Pro XL 24。

　　其他工具： 美甲笔刷、洗甲水、印章、刮板、防溢胶、美甲装饰金珠和美甲点钻笔。

💙 **操作时长：** 2 小时。

💙 **操作难度：** 中等。

1 给每个指甲涂一层底油，待干。

2 给食指的指甲涂一层深蓝色指甲油。

3 给中指和无名指的指甲涂一层白色指甲油。

4 给大拇指和小指的指甲涂一层姜黄色指甲油。

5 选择对应颜色的指甲油，给每个指甲叠加上色，直到指甲颜色变得饱和、均匀。

6 在涂有白色指甲油的指甲周围涂一层防溢胶。

7 将深蓝色指甲油涂在印花板的花卉图案上，并用刮板刮去多余的指甲油。

8 用印章迅速印取印花板上的花卉图案。

9 继续上一步，迅速将图案转印到中指的指甲上。

10 采用第7步~第9步的方法，给无名指的指甲制作印花效果。

11 用镊子将指甲周围的防溢胶轻轻撕去。

用拉线笔蘸取适量深蓝色指甲油，给中指和无名指的指甲包边。

13 给除中指和无名指指甲外的指甲涂一层亮油。

14 趁亮油未干时，迅速给指甲粘上一些小金珠饰品作为修饰。

Tips

由于小金珠比较小，用夹子夹取不是太方便，因此需要用美甲点钻笔点取后进行操作。

15 给所有的指甲涂一层快干亮油，完成亮面效果。

Tips

新手可以在涂快干亮油前涂一层印花隔离油或者水性亮油，以防印花被拉花；熟练操作者可以省略此步骤。

16 给所有指甲涂一层磨砂顶油，完成磨砂效果。

扫 码 看 视 频

❧ 绿紫色毛呢格纹美甲 ❧

　　毛呢格纹也是秋冬季节的经典时尚元素，这款美甲将绿色和紫色搭配在一起，配合半法式风格，既显得手指修长，又可以给沉闷的秋冬季带来一丝生气。

🌑 **使用工具**

　　指甲油： Poshe 底油、Seche Vite 快干亮油、OPI I58 This isn't Greenland、Zoya ZP524 Shawn、Zoya ZP698 Tomoko 和 Essie 400 Bahama Mama。

　　其他工具： 美甲笔刷、胶带、桔木棒、美甲金属饰品和美甲珍珠。

🌑 **操作时长：** 2 小时。

🌑 **操作难度：** 中等偏高。

1 给每个指甲涂一层底油，待干。

2 待底油完全干透后，在所有指甲中间位置贴一层胶带。

3 给食指的指甲涂上军绿色指甲油。

4 趁食指指甲上的绿色指甲油未干，迅速将胶带撕掉。

5 给其他指甲涂上淡绿色指甲油。

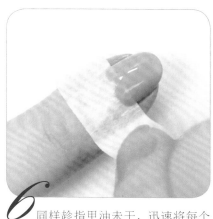

6 同样趁指甲油未干，迅速将每个指甲上的胶带撕掉。

7 选择对应颜色的指甲油，给每个指甲叠加上色，使每个指甲的颜色变得饱和、均匀。

8 用美甲拉线笔蘸取少量的 Zoya ZP524 Shawn 指甲油，在大拇指和无名指的指甲上纵向拉出一些长短不一的线条。在进行这一步操作时，可以让笔刷平行于甲面，利用美甲拉线笔自身的形状拉出线条。

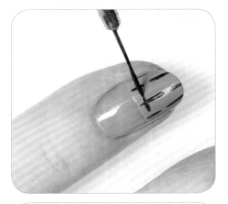
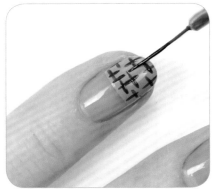
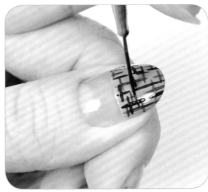

9 蘸取少量的 Zoya ZP524 Shawn 指甲油，在大拇指和无名指的指甲上横向拉出一些长短不一的线条，使其和纵向线条搭配，形成一个个的"十"字效果。

10 用拉线笔蘸取适量 Essie 400 Bahama Mama（紫色）指甲油，在绿色线条的间隔处纵向画出长短不一的线条。

11 继续蘸取适量 Essie 400 Bahama Mama 指甲油，横向画出一些长短不一的线条，使其和纵向的紫色线条相搭配，形成一个个的"十"字效果。

 **Tips**

在画线条的时候，注意线条与线条之间应尽量错开，这样效果会更好看一些。

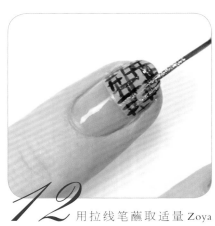

12 用拉线笔蘸取适量 Zoya ZP698 Tomoko 指甲油，在绿色和紫色线条中间随意填充一些金色线条。

13 用拉线笔继续蘸取适量 Zoya ZP698 Tomoko 指甲油，在每个指甲的边界处拉出一些金色线条。

14 选择一款合适的金属饰品放在指腹上，用桔木棒按压出一定的弧度。

15 在食指的指甲中部涂一层亮油。

16 趁亮油未干时，将之前调整好弧度的金属饰品粘贴上去。

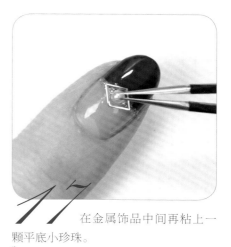

17 在金属饰品中间再粘上一颗平底小珍珠。

Tips

如果想将金属饰品更加牢固地粘在指甲上，可以使用美甲专用胶水进行粘贴。

18 给所有指甲涂一层快干亮油，完成操作。

第 4 章

节日主题

美甲设计实例

新年系列

喜庆的红色是新年美甲的主色调,红红火火的色调既让人的肤色显得白皙,又很适合节日气氛。

扫 码 看 视 频

✦ 喜庆金色雪花美甲 ✦

红色和金色是新年里经常被运用到的色彩,搭配在一起更显得喜庆洋洋。在美甲过程中,将红色激光指甲油和金色雪花图案搭配在一起,更能烘托出浓浓的新年气氛。

☙ 使用工具

指甲油: Poshe 底油、Seche Vite 快干亮油、OPI 磨砂顶油、Cirque Colors Madder 和 Born Pretty 水性亮油。

印花油: Bundle Monster 金色印花油。

印花板: Creative Shop 109。

其他工具: 美甲笔刷、洗甲水、印章、刮板和防溢胶。

☙ 操作时长: 1 小时。

☙ 操作难度: 较低。

❤ 操作步骤

1 给每个指甲涂一层底油，待干。

2 在确保底油干了之后，给所有的指甲涂上红色激光指甲油。

Tips

激光指甲油在强光下可以反射出七彩的光泽，比普通的纯色指甲油更好看，也更容易涂均匀。

3 待第一层指甲油干了之后，再涂第二层指甲油，直至指甲上的颜色变得均匀、饱和。

4 在指甲周围涂一层防溢胶。

5 将金色印花油涂在印花板的雪花图案上，并用刮板刮去多余的印花油。

6 用印章迅速印取印花板上的雪花图案。

7 将印章上的雪花图案转印到指甲上。

8 用镊子轻轻将指甲周围的防溢胶撕去。

9 用笔蘸取适量洗甲水，将指甲周围清理干净。

10 给指甲涂一层印花隔离油或水性亮油，待干。

11 给所有指甲涂一层快干亮油，完成亮面效果。

12 给所有指甲涂一层磨砂顶油，完成磨砂效果。

扫码看视频

⇜ 开运千鸟格美甲 ⇝

千鸟格也是美甲中的经典元素。这款美甲以红色、白色和黑色为基础色调，搭配千鸟格花纹，显得十分经典大气。同时，平法式风格搭配金色美甲饰品，复古中又带有几分时尚，也呈现出一种浓重的节日气息。

- 🌸 **使用工具**

    指甲油： Poshe 底油、Seche Vite 快干亮油、OPI A70 Red Hot Rio、OPI T02 Black Onyx 和 OPI T71 It's in the Cloud。

    印花油： Moyou London 黑色印花油。

    印花板： Moyou London Holy Shapes 19 和 ZJOY-Plus 005。

    其他工具： 印章、刮板、胶带、桔木棒、美甲金属饰品。

- 🌸 **操作时长：** 1 小时 30 分钟。

- 🌸 **操作难度：** 中等。

● 操作步骤

1 给所有指甲都涂一层底油，待干。

2 分别用红色指甲油涂在食指和小指的指甲上，用黑色指甲油涂在中指的指甲上，用白色指甲油涂在大拇指和无名指的指甲上，画出平法式式样。

3 选择对应颜色的指甲油，给每个指甲叠加上色，直至指甲颜色变得饱和、均匀。

4 将黑色印花油涂在印花板的直线图案上，并用刮板刮去多余的印花油。

5 用印章迅速印取印花板上的直线图案。

6 将直线图案转印到红色平法式指甲的边缘处。

7 按照上一步的方法，继续给其他指甲转印直线图案。之后用胶带将指甲周围清理干净。

8 将黑色印花油涂在印花板的千鸟格图案上，并用刮板刮去多余的印花油。

9 用印章迅速印取印花板上的千鸟格图案。

10 将图案转印到大拇指和无名指的指甲上。

11 转印完成后，将指甲周围的图案清理干净。

Tips

转印图案时注意图案的位置要正。

13 在每个指甲的黑线中间涂一些亮油。

14 把金属饰品粘在涂有亮油的地方。

12 选择一款合适的金属饰品放在指腹上，并用桔木棒按压出一定弧度。

15 给所有指甲油涂一层快干亮油，完成操作。

Tips

快干亮油选择建议质地厚一些的，这样可以比较好地封住饰品。

扫码看视频

❧ 新年招财猫美甲 ❧

在春节里，每个人都希望新的一年有好的财运，那么这款寓意着"财运滚滚来"的可爱招财猫美甲就不容错过了。利用印花填色画出的两只可爱的招财猫，搭配一串串的吉祥如意铜钱串，昭示着来年一定财运亨通！

💗 **使用工具**

指甲油： Poshe 底油、Seche Vite 快干亮油、OPI A70 Red Hot Rio、OPI T02 Black Onyx、OPI L00 Alpine Snow 和 Essie 3007。

印花油： Moyou London 金色印花油和 Moyou London 红色印花油。

印花板： Moyou London Holy Shapes 19、Born Pretty BP-X11 和 Creative Shop 88。

其他工具： 印章、刮板、美甲笔刷、文具胶带、点花笔和防溢胶。

🔸 **操作时长：** 2 小时。

🔸 **操作难度：** 中等。

❤ 操作步骤

1 将黑色印花油涂在印花板的招财猫图案上，并用刮板刮去多余的印花油。

2 用印章迅速印取印花板上的招财猫图案。

3 用同样的方法印取另外一只招财猫。

4 用白色指甲油给招财猫图案填色，晾干待用。

5 给每个指甲涂一层底油，待干。

6 给所有指甲都涂上红色指甲油，且颜色要饱和、均匀，晾干。

7 把之前印取的招财猫图案转印到中指和无名指的指甲上。

 Tips

在转印图案时，若感觉无法将图案顺利转印到指甲上，可以先给指甲涂一层亮油，等亮油九成干的时候再进行转印操作。

8 将金色印花油涂在印花板的如意铜钱串图案上，并刮去多余的印花油。

9 用印章迅速印取印花板上的如意铜钱串图案。

10 将如意铜钱串图案转印到大拇指、食指和小指的指甲上。

11 用胶带将指甲周围多余的印花图案清理掉。

12 在印有招财猫的指甲两侧涂一层防溢胶。

13 将红色印花油涂在印花板的直线图案上，并刮去多余的印花油。

 **Tips**

在涂抹防溢胶时，注意不仅要在指甲两侧涂抹，招财猫图案两侧的红色指甲油上也要涂抹一些。

14 用印章迅速印取印花板上的直线图案，将其转印到指甲上招财猫的肚子上，作为挂铃铛的红绳。

15 用镊子轻轻将指甲周围的防溢胶撕去。

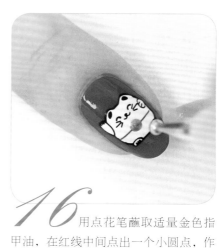

16 用点花笔蘸取适量金色指甲油，在红线中间点出一个小圆点，作为招财猫的铃铛。

17 用拉线笔蘸取适量黑色指甲油，画出铃铛的开口。

18 给所有指甲涂一层印花隔离油或者水性亮油，待干。

19 给所有指甲涂一层快干亮油，完成操作。

情人节系列

情人节美甲的色调可以是少女的粉红色，也可以是性感女人的酒红色，本节分别以这两种颜色制作两款适合不同年龄段的女性的情人节美甲。另外，本节还特别贴心地为单身人士准备了一款情人节美甲哦！

扫码看视频

❖ 可爱少女腮红美甲 ❖

腮红美甲的灵感来源于少女害羞的脸庞，利用海绵在指甲上慢慢晕染出由浅到深的红晕，再加上点点闪烁的小亮片和小星星饰品，让人怦然心动。

▸ **使用工具**

指甲油： Poshe 底油、Seche Vite 快干亮油、Kiko 377、H&M Ice Cold Milk 和 Zoya ZP726 Monet。

其他工具： 海绵、美甲金属饰品和点钻笔。

▸ **操作时长：** 1 小时 30 分钟。

▸ **操作难度：** 中等偏低。

❤ 操作步骤

1 给所有指甲涂一层底油，待干。

2 给所有指甲涂一层透白色指甲油。

3 从海绵上撕下一小块海绵，涂上适量粉红色指甲油。

Tips

闲置的化妆海绵、专门的美甲海绵或者洗碗海绵都可以使用。

4 用镊子夹取海绵，从指甲的中心处开始，将粉红色指甲油轻轻拍压在甲面上，此次晕染的面积大概是甲面的 1/2。

5 待指甲上的粉红色指甲油干透后，再涂一层透白色指甲油，待干。

6 继续在海绵上涂抹一些粉红色指甲油，依然从指甲的中心处开始往四周晕染开，此次晕染的面积是甲面的 1/4。

Tips

在晕染过程中，要确保上一层指甲油干透后再进行下一步。

7 待上一层粉红色指甲油干透后，再涂一层透白色指甲油。

8 重新撕一小块干净的海绵，在海绵上涂一些亮片指甲油。

9 将海绵上的亮片指甲油轻轻地拍在干透的甲面上，作为点缀修饰。

10 在干透的甲面上涂一层快干亮油。

11 趁亮油未干时，用点钻笔将星星饰品迅速粘贴到指甲上。

12 其他指甲也按照同样的方法处理，给甲面涂一层质地较厚的快干亮油，完成操作。

 Tips

如果想让星星饰品粘贴得更牢固，可使用美甲专用胶水进行粘贴。

扫 码 看 视 频

❖ 性感暗黑玫瑰美甲 ❖

　　具有暗黑感的玫瑰元素搭配带有亮片的酒红色指甲油，造就了这款极具诱惑力的性感透黑色美甲。一般来说，透白色指甲油在市场上很常见，但是透黑色指甲油却很少见，这款美甲作品中出现的透黑色指甲油是特别调制出来的。

🖤 **使用工具**

　　指甲油： Poshe 底油、Seche Vite 快干亮油、OPI 亮油、OPI T02 Black Onyx 和 Masura 1170 The Walking Red。

　　印花油： Moyou London 黑色印花油。

　　印花板： Moyou London Pro XL 10。

　　其他工具： 印章、刮板、美甲笔刷、洗甲水、美甲珍珠饰品、美甲平底水钻和点钻笔。

🖤 **操作时长：** 1 小时 45 分钟。

🖤 **操作难度：** 中等。

● 操作步骤

1 选一个还剩一些透明亮油的指甲油瓶子，往里滴数滴黑色指甲油。

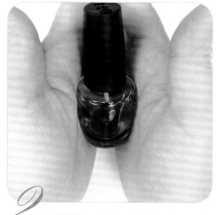

2 以手搓瓶子的方式将指甲油混合均匀，这样就得到了一瓶透黑色指甲油。

Tips

要想使指甲油与亮油混合，需要用手搓瓶子。搓动时要避免上下摇动，否则瓶子里会产生很多气泡。同时在调制过程中，建议以"少量多次"的方式加入黑色指甲油，避免一下子就将颜色调得过深。

3 给所有指甲涂一层底油，待干。

4 给食指和无名指的指甲涂一层透黑色指甲油。

5 给其他指甲涂一层深红色指甲油。

6 根据实际需要，调整透黑色指甲的颜色饱和度。

7 继续给中指、大拇指和小指的指甲叠加上色，直至颜色变得饱和、均匀。

8 在食指和无名指的指甲周围涂一层防溢胶。

9 将黑色印花油涂在印花板的玫瑰花图案上，并用刮板刮去多余的印花油。

10 用印章迅速印取印花板上的玫瑰花图案。

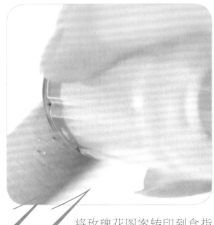

11 将玫瑰花图案转印到食指和无名指的指甲上。

12 用镊子将食指和无名指指甲周围的防溢胶撕去。

13 用小刷子蘸取适量洗甲水，将指甲周围清理干净。

14 在食指和无名指的指甲上叠加一层透黑色指甲油。

15 用拉线笔蘸取适量黑色指甲油，在食指和无名指的指甲上勾勒出包边。

16 用小刷子蘸取适量洗甲水，清理一下指甲周围。

17 在所有深红色的指甲上涂一层亮油。

18 选择一些喜欢的美甲小饰品，用镊子夹取后粘贴在指甲的合适位置。

19 给每个指甲涂一层快干亮油，完成操作。

扫 码 看 视 频

❖ 单身也快乐美甲 ❖

　　这是一款送给单身的人的情人节美甲，这款美甲中的仙人掌喜欢上了一只小灰猫，所以情人节在街头举着"FREE HUGS"的牌子，找机会抱抱小灰猫，并借此表白。然而猫科动物都是高冷的，小灰猫只给了仙人掌一个胖乎乎的、冷漠的背影。

🍃 **使用工具**

　　指甲油：Poshe 底油、Zoya ZP852 Ness、Zoya ZP854 August、Revlon 100 Buttercup、OPI L00 Alpine Snow、Born Pretty 水性亮油和 OPI 磨砂顶油。

　　印花油：Moyou London 黑色印花油和 Moyou London 红色印花油。

　　印花板：Creative Shop 61、Qgril-006 和春之歌 L015。

　　其他工具：印章、刮板和美甲笔刷。

🍃 **操作时长：**1 小时 30 分钟。

🍃 **操作难度：**中等。

操作步骤

1 将黑色印花油涂在印花板的仙人掌图案上，并用刮板刮去多余的印花油。

2 用印章迅速印取印花板上的仙人掌图案，待用。

3 将黑色印花油涂在印花板上的"FREE HUGS"图案上，并刮去多余的印花油。

4 用印章迅速印取印花板上的"FREE HUGS"图案，待用。

5 将黑色印花油涂在印花板的猫咪图案上，并用刮板刮去多余的印花油。

6 用印章迅速印取印花板上的猫咪图案，待用。

7 用绿色指甲油给印取的仙人掌图案填色。

8 用白色指甲油给猫咪背部的花纹填色。

Tips

花纹部分填好色后，放在一边先晾干，这是为了防止填猫咪身体其他部分的灰色时，不慎将两种颜色混在一起。

9 用白色指甲油给"FREE HUGS"的牌子填色。

10 用灰色指甲油给猫咪身体的其他部分填色。

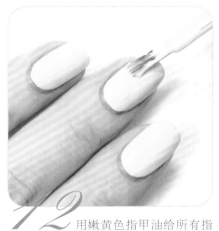

11 给所有指甲涂一层底油，待干。

12 用嫩黄色指甲油给所有指甲打底。

13 将指甲晾至还有一点点黏性的时候，把仙人掌图案转印到食指的指甲上。在将仙人掌转印到食指的指甲上时，可以稍微倾斜一点，这样比较适合表现"送飞吻"的姿势。

14 同样把猫咪图案转印到无名指的指甲上。在将图案转印到指甲上时，多余的图案可以用小剪刀剪掉。

15 将"FREE HUGS"图案转印到中指指甲的中心处。

16 将红色印花油涂在印花板上的心形图案上，并刮去多余的印花油。

17 用印章迅速印取印花板上的心形图案。

将心形图案转印到食指指甲上仙人掌图案的斜上方位置。

19 给有印花图案的指甲涂一层印花隔离油或者水性亮油。

20 给每个指甲油涂一层磨砂顶油，完成操作。

Tips

最后选择给指甲涂一层磨砂顶油，是因为磨砂能给人一种漫画的感觉。如果喜欢亮面，可自行把磨砂顶油换作快干亮油。

儿童节系列

儿童节的美甲大多以可爱的糖果色为主，再搭配各种可爱的元素，会让人看了就有一种欢快开心的感觉。

扫码看视频

❖ 可爱独角兽美甲 ❖

独角兽代表着梦幻、高贵和纯洁，是很多女孩子都比较喜欢的神话动物之一。而这款美甲的主角就是独角兽，搭配上淡淡的粉色、蓝色、紫色和黄色，充满童趣，因此在儿童节出现再合适不过了。

❤ 使用工具

指甲油： Poshe 底油、OPI 磨砂顶油、Sally Hansen 240 B girl、Revlon 100 Buttercup、OPI H71 Suzi Shops & Island Hops、OPI L00 Alpine Snow、Butter London Molly Coddled 和 Born Pretty 水性亮油。

印花油： Moyou London 黑色印花油。

印花板： Creative Shop 45 和 Moyou London Tumblr Girl 01。

其他工具： 桔木棒、美甲笔刷、洗甲水、刮板、印章和小剪刀。

❤ 操作时长：2 小时。

❤ 操作难度：中等偏高。

❤ **操作步骤**

1 将黑色印花油涂在印花板的独角兽图案上，并用刮板刮去多余的印花油。

2 用印章迅速印取印花板上的独角兽图案。

3 继续用同样的方法，印取另外一个独角兽图案。

4 用淡蓝色指甲油给印取的第一只独角兽的头发和尾巴填色。

5 用粉色、紫色等颜色的指甲油给独角兽的背部和尾巴上色。用淡蓝色和紫色的指甲油给独角兽的角上色。

6 用淡黄色指甲油给小星星填色。

7 用白色指甲油给独角兽的其他部分填色。

8 按照同样的填色方法，选择相应的颜色给另外一只独角兽填色。

9 将黑色印花油涂在印花板的星空图案上，并用刮板刮去多余的印花油。

10 用印章迅速印取印花板上的星空图案。

11 用白色指甲油给云朵填色。

12 用淡黄色指甲油给星星和月亮填色。

13 给所有指甲涂一层底油，待干。

14 用粉红色指甲油给食指和无名指的指甲上色。

15 用蓝色指甲油给其他指甲上色。

16 选择对应颜色的指甲油，给每个指甲叠加上色，直至指甲颜色变得饱和、均匀。

17 将独角兽图案转印到涂有粉红色指甲油的指甲上，注意两只独角兽应该是相对的。

18 将星空图案转印到大拇指的指甲上。

19 转印好所有图案之后，用剪刀将指甲周围多余的图案剪去。

20 将黑色印花油涂在印花板的英文图案上，并刮去多余的印花油。

21 用印章迅速印取印花板上的英文图案。

22 将印章上的英文图案迅速转印到中指的指甲上。

23 给有印花图案的指甲涂一层印花隔离油或者水性亮油，待干。

24 给所有指甲油涂一层磨砂顶油，完成操作。

扫 码 看 视 频

❧ 梦幻小公主美甲 ❧

  Bling Bling 的亮片加上糖果色的晕染效果，肯定会让很多女孩子喜欢。这款美甲的晕染不借助海绵，也不借助印章，只需要用各种颜色的水彩笔加酒精即可。

🌀 **使用工具**

  指甲油： Poshe 底油、Seche Vite 快干亮油和 Zoya ZP717 Cosmo。

  其他工具： 海绵、美甲笔刷、绿色／粉色／蓝色／黄色水彩笔、小玻璃杯、酒精和美甲装饰贴纸。

🌀 **操作时长：** 1 小时 30 分钟。

🌀 **操作难度：** 中等偏低。

❤ 操作步骤

1 给所有指甲涂一层底油，待干。

2 给每个指甲涂一层亮片指甲油。

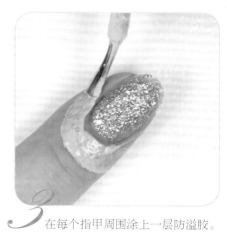

3 在每个指甲周围涂上一层防溢胶。

4 在海绵上涂一些亮片指甲油。

5 把海绵上的亮片指甲油轻轻拍在甲面上。

 Tips

在借助海绵将亮片指甲油拍在指甲上时，海绵可以将一些多余的指甲油吸掉，并且可以确保亮片指甲油中的亮片在指甲上均匀分布。

6 用镊子将指甲周围的防溢胶撕去。

7 用小刷子蘸取适量洗甲水，将指甲周围清理干净。

8 准备一只玻璃杯，倒一些酒精在里面。

9 准备 4 支不同颜色的水彩笔，在指甲上画出一些不规则的色块。这一步操作需要在指甲油底色干透的情况下进行。

10 用美甲画笔蘸取适量酒精，涂抹指甲表面，利用酒精将指甲表面的水彩颜色晕开。

 **Tips**

在用笔蘸取酒精对颜色进行晕染操作时，注意每晕染一处，都要将笔在海绵上蹭干净，然后进行下一步晕染操作。

Tips

亮片指甲油会使指甲表面有比较明显的颗粒感，多涂 1~2 层亮油可以使指甲表面变得光滑。

11 按照实际的需要，继续在指甲上涂色，并同样用酒精将其晕开，直至指甲颜色变得饱和、均匀。

12 待指甲上的所有颜色都干透后，给指甲涂一层快干亮油。

13 继续给指甲表面涂 1~2 层亮油，使甲面呈现出较好的光泽感。

14 待指甲上的指甲油都干透后，在中指和大拇指的指甲上粘贴一些美甲装饰贴纸进行修饰。

15 给中指和大拇指的指甲涂一层快干亮油，完成操作。

扫码看视频

可爱小猫咪美甲

　　在儿童节来临之际，给自己做一款可爱的小猫咪美甲，体验一把"大儿童"的乐趣，不失为一件幸福的事情。这款美甲主要涉及扩印法的运用，在学会使用这种技法后，当遇到印花图案小于自己指甲面积的时候，就可以轻松将其放大，然后转印到自己的指甲上。

🐾 **使用工具**

　　指甲油： Poshe 底油、Seche Vite 快干亮油、Sally Hansen 亮油、OPI 磨砂亚光顶油 Sally Hansen 240 B girl、Revlon 100 Buttercup 和 Essie 138 Pre-Show Jitters。

　　印花油： Moyou London 黑色印花油。

　　印花板： Moyou London Animal 14。

　　其他工具： 桔木棒、美甲笔刷、洗甲水、刮板、印章、美甲硅胶垫和小剪刀。

🐾 **操作时长：** 2 小时。

🐾 **操作难度：** 较高。

❤ 操作步骤

1 在美甲硅胶垫上涂一层亮油，注意涂的面积略微比自己的指甲大一些，待干。

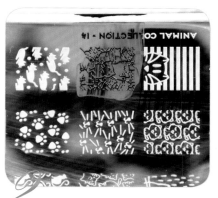

2 将黑色印花油涂在印花板的猫咪图案上，并用刮板刮去多余的印花油。

3 选择一个章头比较软的印章，用印章迅速印取猫咪图案。

4 把章头单独取出来，用手指捏住章头，使章头表面扩张开。

5 让章头保持扩张状态，将猫咪图案转印到硅胶垫涂有亮油的位置。应在硅胶垫上的亮油九成干且还有一点点黏性的时候转印。

6 用蓝色指甲油给图案中的个别小猫填色。

7 用黄色指甲油给另外几只小猫填色。

8 给每个指甲都涂一层底油，待干。

 Tips

在给小猫填色的时候，可以避开个别小猫不填，同时注意相同颜色的小猫要间隔开来填色。

9 给食指和小指的指甲涂上蓝色指甲油。

10 给中指和大拇指的指甲涂上黄色指甲油。

11 给无名指的指甲涂上白色指甲油。

12 选择对应颜色的指甲油，给每个指甲叠加上色，直至指甲颜色变得饱和。

13 将黑色印花油涂在印花板的"MEOW MEOW"图案上，并用刮板刮去多余的印花油。

14 用印章迅速印取印花板上的"MEOW MEOW"图案。

15 把图案迅速转印到中指的指甲上。

16 将黑色印花油涂在印花板的猫爪图案上，并刮去多余的印花油。

17 用印章迅速印取印花板上的猫爪图案。

18 把印章印取的图案迅速转印到食指的指甲上。

19 按照同样的方法，给小指的指甲也转印一个小猫爪图案。

20 从边缘处着手，用桔木棒将硅胶垫上晾干的印花贴轻轻撬起，顺利将其揭下来。

🔖 Tips

在将印花贴从硅胶垫上揭下来时，注意动作要尽量慢一些、轻一些。如果在揭开的过程中发现有还没晾干的地方，需要稍等一下，待彻底晾干后再进行操作。

21 将揭下来的印花贴粘贴在无名指的指甲上，并用海绵或手指轻轻将印花贴按压平整。

22 用桔木棒将印花贴边缘按压出痕迹。

23 顺着上一步按压出的痕迹，用剪刀将指甲周围多余的印花图案剪掉。

24 用小刷子蘸取适量洗甲水，将指甲周围清理干净。

25 按照同样的转印方法，给大拇指上转印一款合适的图案。

26 给所有指甲涂一层印花隔离油或者水性亮油，待干。

27 给所有指甲油涂一层快干亮油，完成亮面效果。

28 给所有指甲涂一层磨砂顶油，完成磨砂效果。

万圣节系列

万圣节美甲大多以黑色、南瓜色和芥末绿色为主，再搭配僵尸、幽灵等元素。本节介绍的这一款万圣节特效美甲非常炫酷，一定可以成为万圣节的吸睛利器。

扫码看视频

❀ 蠢萌木乃伊美甲 ❀

这款蠢萌效果的木乃伊美甲巧妙地把斑马纹印花改造成了木乃伊的白色绷带，再加上灵动的小眼睛图案，让整款美甲显得十分可爱、有趣。

- **使用工具**

  指甲油： Poshe 底油、Seche Vite 快干亮油、OPI 磨砂亚光顶油、OPI L00 Alpine Snow、OPI T02 Black Onyx、Zoya ZP697 Livingston 和 Born Pretty 水性亮油。

  印花油： Moyou London 白色印花油。

  印花板： Moyou London Trend Hunter 19。

  其他工具： 印章、刮板、胶带、死皮推、防溢胶、美甲笔刷、点花笔和洗甲水。

- **操作时长：** 1 小时 30 分钟。

- **操作难度：** 中等偏低。

💙 **操作步骤**

1 给每个指甲涂一层底油，待干。

2 给所有指甲涂上黑色指甲油，直至饱和，作为底色。

3 在中指和无名指的指甲周围涂一层防溢胶。

4 将白色印花油涂在印花板的斑马纹图案上，并用刮板刮去多余的印花油。

5 用印章迅速印取印花板上的斑马纹图案。

6 将斑马纹图案转印到中指的指甲上，注意图案的位置和倾斜角度要合适。

7 将白色印花油涂在印花板上的同一款斑马纹图案上，并用刮板刮去多余的印花油。

8 用印章迅速印取印花板上的部分斑马纹图案。

9 把斑马纹图案转印到中指的指甲上，转印时同样要注意图案的位置和倾斜角度要合适。

10 按照同样的方法，给无名指的指甲也转印上同样的印花图案。注意中指和无名指的指甲的印花图案需要对称。

11 用死皮推沿着指甲轮廓轻轻按压一圈，让甲面上的图案与防溢胶上的图案分离。

12 用镊子将指甲周围的防溢胶轻轻撕掉。

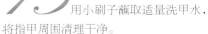

13 用小刷子蘸取适量洗甲水，将指甲周围清理干净。

14 用点花笔蘸取适量白色指甲油，点在印有斑马纹图案的指甲留白处，以及涂有纯黑色指甲油的指甲上，作为木乃伊的眼眶。

15 用红色指甲油点出木乃伊的眼珠。

16 给有印花图案的指甲涂一层印花隔离油或者水性亮油，待干。

11 给所有指甲涂一层磨砂顶油，待干，完成操作。

 Tips

在给不同指甲上的木乃伊添加眼珠时，最好让眼珠朝着不同的方向，这样可以让美甲效果看起来更生动、有趣。

扫 码 看 视 频

❧ 可爱小幽灵美甲 ❧

　　在万圣节来临之际，各色装扮中不乏一些幽灵元素，而在美甲过程中，我们可以给这些小幽灵们涂抹上心形腮红，为诡异的幽灵平添几分萌趣感。

🤍 使用工具

　　指甲油： Poshe 底油、Seche Vite 快干亮油、OPI 磨砂亚光顶油、OPI L00 Alpine Snow、OPI T02 Black Onyx 和 Born Pretty 水性亮油。

　　印花油： Moyou London 黑色／粉色印花油。

　　印花板： Moyou London Festive 53。

　　其他工具： 印章、刮板、胶带、防溢胶、美甲笔刷和点花笔。

- 🤍 **操作时长：** 2 小时。
- 🤍 **操作难度：** 中等。

❤ 操作步骤

1 将黑色印花油涂在印花板的幽灵图案上，并用刮板刮去多余的印花油。

2 用印章迅速印取印花板上的幽灵图案。

3 继续用同样的方法印取另外一个幽灵图案。

4 用点花笔将印取出来的幽灵脸上的心形腮红去掉。

5 用白色指甲油给幽灵图案填色，晾干待用。

6 给每个指甲涂一层底油，待干。

7 给所有指甲都涂上黑色指甲油，直至饱和，作为底色。

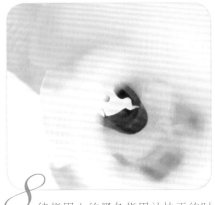

8 待指甲上的黑色指甲油快干的时候，将幽灵图案转印到中指和无名指的指甲上。

9 将粉色印花油涂在印花板的心形腮红图案上，并用刮板刮去多余的印花油。

10 用印章迅速印取印花板上的心形腮红图案。

11 用胶带清理掉印章上的多余图案，留下心形的部分即可。

12 把心形腮红图案转印到幽灵的脸上。

13 将白色印花油涂在印花板的蜘蛛网图案上，并刮去多余的印花油。

14 用印章迅速印取印花板上的蜘蛛网图案。

15 把蜘蛛网图案转印到食指和小指的指甲上。

 Tips

蜘蛛网图案的分布可以根据自己的喜好和甲面大小来决定。

16 将白色印花油涂在印花板的骨头图案上，并刮去多余的印花油。

17 用印章迅速印取印花板上的骨头图案。

18 将骨头图案迅速转印到大拇指的指甲上。

19 继续转印骨头图案到大拇指的指甲上，使其和之前的骨头图案呈交叉状态。

20 给所有印有图案的指甲涂一层印花隔离油或者水性亮油，待干。

21 给所有指甲涂一层快干亮油，完成亮面效果。

22 用给所有指甲涂一层磨砂顶油，完成磨砂效果。

扫 码 看 视 频

炫酷伤效美甲

之前我们学习的美甲都是一些比较常规的类型。接下来，我要教给大家的是一款伤效美甲的制作方法。这样的一款美甲出现在万圣节里，一定会有特别棒的吸睛效果。

- **使用工具**

  指甲油： Poshe 底油、Seche Vite 快干亮油、OPI L87 Malaga Wine 和 NCLA 026 Dirty Martini。

  其他工具： 美甲笔刷、红色丙烯颜料、棉絮、假指甲、假指甲贴、美甲锉、美甲专用胶水、棉签、双眼皮胶水和口红。

- **操作时长：** 1 小时 30 分钟。

- **操作难度：** 中等。

💛 操作步骤

1 选择一个和自己的无名指指甲宽度差不多的假指甲。

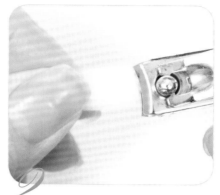

2 将假指甲在无名指的指甲上比一下，将其修剪到和自己的指甲差不多的长度。

Tips

这一步可以尽量将指甲磨得短一些，这样做出来的效果会比较逼真。

3 用美甲锉把假指甲打磨成和自己指甲一样的形状。

4 给假指甲和自己的指甲涂上黄绿色指甲油，待干。

Tips

这款美甲对底色没有过多的限制和要求。在具体制作中，可以根据自己的喜好更换合适颜色的指甲油。

5 用指甲刀或者直接用手把假指甲分成不规则的3块。

6 在无名指的指甲上贴一块假指甲专用贴。

7 把较大的一块假指甲碎片贴在指甲的一侧，在空白的一侧涂满双眼皮胶水。

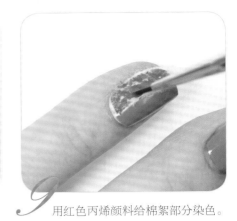

Tips

在对粘贴在指甲上的棉絮进行按压处理时，注意不要按压得太紧。同时，由于假指甲贴有一定的厚度，在指尖处要多填充一些棉絮进去。

8 将一些棉絮粘贴到涂有胶水的指甲上，并用手或指腹进行适当按压。

9 用红色丙烯颜料给棉絮部分染色。

10 待上好的红色丙烯颜料干透后，蘸取少量美甲胶水涂抹在粘贴有棉絮的指甲部分且偏甲根的位置。

11 给指甲粘上另外一块假指甲碎片。

12 用酒红色指甲油给假指甲碎片的间隔处填色，并在棉絮表面勾勒出断断续续的线条。

Tips

在填色时，注意把假指甲的白色横截面和指甲根部都照顾到，避免穿帮。

13 用棉签蘸取适量口红，蹭在指甲周围的皮肤上，给皮肤制造一些红肿的效果。

14 在遗漏的地方再补上一些酒红色指甲油。这样一款炫酷的万圣节伤效美甲就制作好了。

圣诞小鹿、圣诞树、小雪花和小雪人等是圣诞美甲中经常用到的元素，红色和绿色这种平时不常用的色彩搭配在圣诞美甲中使用会非常合适哦！

扫码看视频

❖ 可爱圣诞小鹿美甲 ❖

红色和绿色是圣诞节美甲中经常运用到的色彩。俗话说："红配绿，丑到哭。"而这款美甲大胆采用了红色配绿色，再搭配上圣诞小鹿印花，特别适合圣诞节的气氛。

◈ 使用工具

指甲油： Poshe 底油、Seche Vite 快干亮油、Essence 54 Dream On、Masura 1141 Fairytales of Old Forest、China Glaze 70577 Ruby Pumps 和 Born Pretty 水性亮油。

印花油： Born Pretty 棕色 / 红色 / 绿色印花油。

印花板： Moyou London Animal 12。

其他工具： 胶带、印章和刮板。

◈ 操作时长： 1 小时。

◈ 操作难度： 较低。

1 给每个指甲涂一层底油，待干。

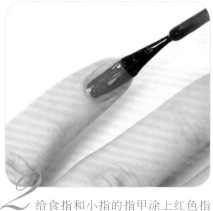

2 给食指和小指的指甲涂上红色指甲油。

3 给中指和大拇指的指甲涂上绿色指甲油。

4 给无名指的指甲涂上象牙白色指甲油。

5 选择对应颜色的指甲油给指甲叠加颜色，直至指甲颜色变得饱和、均匀。

6 将棕色印花油涂在印花板的鹿头图案上，并用刮板刮去多余的印花油。

7 用印章迅速印取印花板上的鹿头图案。

8 用胶带将印章上鹿头图案不需要的部分清理掉。

9 把鹿头图案转印到无名指的指甲上，注意位置要正，避免倾斜。

10 将绿色印花油涂在印花板的小草图案上，并刮去多余的印花油。

11 用印章迅速印取印花板上的小草图案。

12 用胶带将印章上小草图案不需要的部分清理掉。

13 将印章上的小草图案转印到无名指指甲的合适位置。

14 用胶带将指甲周围多余的印花图案清理掉。

15 将红色印花油涂在印花板的小花图案上，并刮去多余的印花油。

16 用印章迅速印取印花板上的小花图案。

17 用胶带将印章上小花图案不需要的部分清理掉。

18 将印章上的小花图案转印到无名指指甲的合适位置。

19 给无名指的指甲涂一层印花隔离油或者水性亮油，待干。

20 给所有指甲涂一层快干亮油，完成操作。

扫码看视频

◈ 金色圣诞树美甲 ◈

圣诞节美甲怎么能少了圣诞树元素呢？这款美甲的圣诞树用香槟金色作为底色，搭配上各种美甲小饰品，显得特别精致；其他指甲上搭配小雪花，相得益彰。

🍃 使用工具

指甲油： Poshe 底油、Seche Vite 快干亮油、 OPI I60 Check Out the Old Geysirs、OPI M49 Solitaire、Zoya ZP698 Tomoko 和 Essence 33 Wild White Ways。

印花油： Moyou London 白色印花油。

印花板： Moyou London Festive 30。

其他工具： 印章、刮板、胶带、点花笔、美甲金属饰品、美甲珍珠饰品和美甲平底水钻。

🍃 **操作时长：** 2 小时。

🍃 **操作难度：** 中等。

💛 操作步骤

1 给所有指甲涂一层底油，待干。

2 给所有指甲涂上浅灰蓝色指甲油，直至饱和，作为底色。

3 待底色完全干透以后，在中指的指甲上用胶带交错式地贴出一个三角形。

4 蘸取适量香槟金色指甲油，涂抹在中指指甲的空白处。

5 趁指甲油未干，轻轻将中指指甲上的胶带撕下。

 **Tips**

注意趁着指甲油未干时撕掉胶带，避免指甲油干后再撕，否则会带起胶带旁边的指甲油。撕胶带的顺序要和贴上去的顺序相反。

6 在其他指甲的指尖处随意涂一些白色指甲油，作为雪地。

7 待白色指甲油干透后，再叠加一层白色流沙质地的指甲油，制造出晶莹通透的感觉。

8 将白色印花油涂在印花板的雪花图案上，并用刮板刮去多余的印花油。

9 用印章迅速印取印花板上的雪花图案。

10 将印章上的图案迅速转印到除了中指指甲以外的指甲上。雪花图案可以按自己的喜好来转印，注意适当留白。

11 用点花笔蘸取白色指甲油，在雪花间隔处点上一些大小不一的圆点。

12 在中指的指甲上涂一层亮油。

13 趁亮油未干时，迅速地在甲面上粘贴上一些自己喜欢的珍珠饰品。

 **Tips**

在给指甲粘贴珍珠等饰品进行修饰时，注意珍珠饰品的大小可以不一致，这样制作出来的效果会更好看一些。

14 取一个大小合适的星星饰品，将其贴在中指指甲的合适位置，待干。

15 给印有印花图案的指甲涂一层印花隔离油或者水性亮油，待干。

16 给所有指甲涂一层快干亮油，完成操作。

 **Tips**

如果想把饰品粘贴得更加牢固，可以使用美甲专用胶水。

扫 码 看 视 频

圣诞小雪人美甲

雪人也是圣诞风格的美甲元素之一。这款美甲运用美甲印花进行翻转填色，制作出一对看着雪花落下、相视而笑的小雪人；配上大红色的圣诞帽和围巾，显得特别可爱。

- 使用工具

指甲油： Poshe 底油、Seche Vite 快干亮油、Sally Hansen 亮油、OPI 磨砂亚光顶油、OPI L00 Alpine Snow、Zoya ZP697 Livingston、H&M Ice Cold Milk 和 Born Pretty 水性亮油 s。

印花油： Moyou London 白色 / 黑色印花油。

印花板： Moyou London Festive 48 和 ZJOY SPH-017。

其他工具： 印章、刮板、胶带、点花笔、美甲笔刷、洗甲水和美甲蛋白钻。

- **操作时长：** 2 小时。

- **操作难度：** 中等偏高。

● **操作步骤**

1 将黑色印花油涂在印花板的雪人图案上，并用刮板刮去多余的印花油。

2 用印章迅速印取印花板上的雪人图案。

3 用胶带将雪人图案不需要的部分清理掉。

4 在印花图案上涂一层亮油，晾干待用。

5 继续将黑色印花油涂在印花板的雪人图案上，并刮去多余的印花油。

6 用印章迅速印取印花板上的雪人图案。

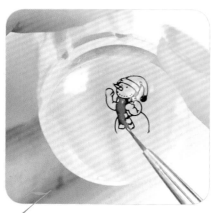

7 用胶带将雪人图案不需要的部分清理掉，用红色指甲油给雪人的围巾填色。

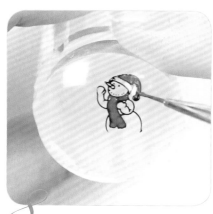

8 继续用红色指甲油给雪人的帽子和鼻子填色。

9 用白色指甲油给雪人的其他部分填色。

10 将第一次印取的雪人图案从印章上揭下来，揭下的时候注意确保图案已经干透。

11 将揭下来的图案翻面贴在印章上，同样用红色指甲油给雪人的围巾、帽子和鼻子上色。

12 用白色指甲油给雪人的其他地方填色。填色操作完成后，将图案放在一边晾干待用。

13 给指甲涂一层底油，待用。

14 给所有指甲涂一层透白色指甲油。

15 将白色印花油涂在印花板的雪花图案上，并刮去多余的印花油。

16 迅速将雪花图案转印到每个指甲上。雪花图案可以按自己的喜好转印，角度不用完全统一，注意适当留白。

17 用白色指甲油在指尖处随意涂抹出雪地。

18 给每个指甲再涂一层透白色指甲油，使甲面效果看起来更柔和。

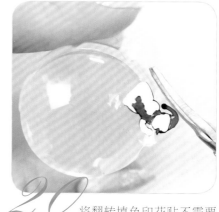

19 待指甲油八九成干时，将之前制作好的印花贴直接转印到中指的指甲上。在将雪人转印到指甲上时，注意位置要合适，以营造出雪人坐在雪地上的效果。

20 将翻转填色印花贴不需要的部分剪掉，待用。

21 把修剪过的印花贴贴在无名指的指甲上。

22 蘸取一些白色指甲油，涂在雪人和雪地的连接处。

23 待白色指甲油干透后，用透白色指甲油做叠加上色，起到柔和颜色的作用。

24 用点花笔蘸取少量白色指甲油，点在雪人帽子的小球上。

25 在除了中指、无名指指甲的其他指甲上涂一层亮油。

26 取一些大小合适的蛋白钻，迅速粘贴在雪花中心。

27 在中指和无名指的指甲上涂上印花隔离油或者水性亮油，待干。

28 给所有指甲涂一层快干亮油，完成亮面效果。

29 给指甲涂一层磨砂顶油，完成磨砂效果。

第 5 章

不同场合的

美甲设计实例

出行系列

出行系列按照季节划分，分别给出了在春夏秋冬不同季节中出去游玩时可以搭配的美甲款式，无论是春日踏青、夏日观海、秋日赏叶，还是冬日玩雪，总有一款适合你。

扫码看视频

春日白云笑脸美甲

春日阳光明媚，正是"踏青"的好时节，湛蓝的天空飘着朵朵白云，瞧那白云还有害羞的笑脸呢！这款美甲不借助印花，只靠点花笔和小笔刷勾画出白云，简单而生动，春游时使用刚刚好。

🍃 **使用工具**

指甲油： Poshe 底油、Seche Vite 快干亮油、OPI 磨砂顶油、OPI L00 Alpine Snow、OPI T02 Black Onyx、Zoya ZP668 Rocky、OPI H71 Suzi Shops & Island Hops 和 Born Pretty 水性亮油。

其他工具： 美甲笔刷和点花笔。

🍃 **操作时长：** 1 小时 50 分钟。

🍃 **操作难度：** 中等偏低。

💛 操作步骤

1 给所有指甲涂一层底油，待干。

 Tips

　　白云在指甲上的分布要尽量错落
有致一些，这样制作出来的效果才更
自然。

2 给所有指甲涂上天蓝色指甲油，
直至颜色饱和，作为打底。

3 用大号点花笔蘸取白色指甲油，点画出白云。

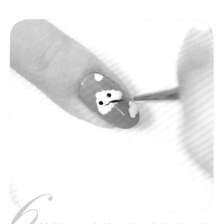

4 继续画白云，注意每个指甲的白
云分布可以根据自己的喜好或指甲大小
来确定。

5 用小号点花笔蘸取黑色指甲油，
在白云上点画出眼睛；用小笔刷蘸取黑
色指甲油，画出白云的嘴巴。

 Tips

　　这一步要等白色指甲油干透后再
进行，否则白云很容易被拉花。

6 按照以上方法，给大拇指和无名
指指甲上的白云画上笑脸。

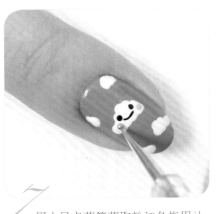  

7 用小号点花笔蘸取粉红色指甲油，在大拇指、中指和无名指的指甲上点出白云的腮红。

8 给所有指甲涂一层印花隔离油或者水性亮油。

9 给所有指甲涂一层快干亮油，完成操作。

 Tips

印花隔离油和水性亮油不仅可以在印花制作完成后使用，而且也可以在需要预防拉花的情况下使用。

扫 码 看 视 频

❧ 夏季清凉海滩美甲 ❧

炎炎夏日，去海边吹吹风、度度假是一个很好的选择。这款美甲利用丙烯颜料画出浪花，搭配上流沙质地的香槟色指甲油，细致地勾画出海水渐渐淹没沙滩的景色。在夏天去海边的时候搭配上这款美甲，再美不过了。

🍃 **使用工具**

指甲油： Poshe 底油、Seche Vite 快干亮油、Zoya ZP698 Tomoko 和 OPI M46 Get Your Number。

其他工具： 美甲笔刷、白色丙烯颜料、水、调色盘、海洋风美甲金属饰品、美甲珍珠和美甲专用胶水。

🍃 **操作时长：** 1 小时 45 分钟。

🍃 **操作难度：** 中等。

1 给所有指甲涂一层底油，待干。

2 给所有指甲涂上流沙质地的金色指甲油，直至饱和，作为打底。

3 给小指的指甲涂两层流沙质地的蓝色指甲油。

4 从食指的指甲开始，蘸取适量流沙质地的蓝色指甲油，在指甲上斜斜地画出海水。

5 在涂画中指指甲上的海水时，注意其面积要比食指指甲上的海水面积更大一些。

6 在无名指的指甲上画出面积更大一些的海水。

7 用画笔蘸取少量白色丙烯颜料和一点点清水，在食指甲的蓝色指甲油部分画出浪花。

8 用一支干净的笔将指甲上的白色丙烯颜料吸掉一些，使甲面看起来更有层次感。

9 在除了大拇指指甲以外的指甲上继续画出一些浪花。在绘制时，注意线条可以自然随性一些，避免生硬。

10 在甲面的合适位置涂一点亮油或者美甲专用胶水。

11 根据自己的喜好，给甲面粘贴上海洋风的金属小饰品和珍珠。

12 给所有指甲涂一层快干亮油，完成操作。

扫码看视频

秋日落叶美甲

　　初秋时节，树叶有黄色的、橙色的，还有绿色的，山坡上绵延茂密的树林加上深浅不一的树叶颜色，特别有层次感。这款美甲的色彩搭配灵感就来自初秋时节多彩的树叶，选择的底色都是带有亮片的指甲油，加上磨砂效果，特别好看，呈现出浓浓的秋日气息。

● **使用工具**

　　指甲油： Poshe 底油、OPI 磨砂顶油,Picture Polish Foxy、Masura 1122 Redhead Shameless、Masura 1113 Curly Kale、Masura 1111 Hazelnut Loukoumi 和 Born Pretty 水性亮油。

　　印花油： Born Pretty 棕色印花油。

　　印花板： Born Pretty BPX－L018。

　　其他工具： 印章、刮板、桔木棒 / 死皮推、小剪刀、美甲笔刷和洗甲水。

● **操作时长：** 1 小时 30 分钟。

● **操作难度：** 中等。

操作步骤

1 将棕色印花油涂在印花板的树叶图案上，并用刮板刮去多余的印花油。

2 用印章迅速印取印花板上的树叶图案。

3 用深橘色指甲油给部分叶子填色。

4 用浅橘色指甲油给另外一部分叶子填色。

5 用绿色指甲油给其余的叶子填色，填色完成后放置一边晾干待用。

6 给所有指甲涂一层底油，待干。

7 给食指的指甲涂上深橘色指甲油。

8 给中指和无名指的指甲涂上裸色指甲油。

9 给小指的指甲涂上绿色指甲油。

10 选择对应颜色的指甲油，给每个指甲叠加上色，直至指甲颜色变得饱和、均匀。

11 待指甲油晾干至还有一点点黏性的时候，将树叶图案转印到中指和无名指的指甲上。

12 用死皮推沿着指甲周围轻轻按压出痕迹。

13 沿着上一步按压出的痕迹，用小剪刀将指甲周围多余的树叶图案剪掉。

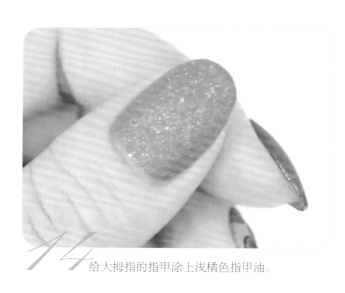

14 给大拇指的指甲涂上浅橘色指甲油。

15 给所有印有树叶图案的指甲涂上一层印花隔离油或者水性亮油，待干。

16 给所有指甲涂一层磨砂顶油，完成操作。

扫 码 看 视 频

冬日仙境美甲

这款美甲利用印花叠印技术，勾勒出白雪皑皑的场景中的松树，搭配上夜空蓝色磁性指甲油，呈现出美丽的极光效果。好一个冬日仙境！

- **使用工具**

  指甲油： Poshe 底油、Seche Vite 快干亮油、Masura 904-230 Two Moons of Saturn 和 OPI L00 Alpine Snow。

  印花油： Moyou London 白色 / 黑色印花油。

  印花板： Creative Shop 109。

  其他工具： 印章、刮板、死皮推、胶带、美甲笔刷、洗甲水和磁板。

- **操作时长：** 1 小时。

- **操作难度：** 中等偏低。

1 给所有指甲涂一层底油，待干。

2 给所有指甲涂上第一层夜空蓝色磁性指甲油。

3 用磁板吸出磁性颗粒，方向可以按自己的需要进行控制。

4 给指甲涂上第二层夜空蓝色磁性指甲油，使其颜色变得饱和、均匀。

5 继续用磁板吸出磁性颗粒。在涂第二层蓝色磁性指甲油时，注意一定要涂完一个指甲后就及时用磁板吸一次。

6 给每个指甲周围涂一层防溢胶。

7 用白色指甲油在指尖处画出积雪。

8 将黑色印花油涂在印花板的松树图案上，并用刮板刮去多余的印花油。

9 用印章迅速印取印花板上的松树图案。

10 将图案迅速转印到每个指甲上。在进行转印操作时，松树图案的位置要正好位于白色指甲油的上方。

11 将白色印花油涂在印花板松树对应的叠印图案上，并用刮板刮去多余的印花油。

12 用印章迅速印取印花板上的松树图案。

13 将图案转印并叠加到转印的黑色松树图案上。注意白色叠印图案和黑色松树图案的位置要稍稍错开。

14 用死皮推沿着指甲周围轻轻按压一圈，将甲面上的图案与防溢胶上的图案分离。

15 撕去防溢胶，用胶带或小刷子蘸取适量洗甲水，将指甲周围清理干净。

16 给所有指甲涂一层亮油，待干。

17 将磁板倾斜，继续强化吸出磁性颗粒，营造出极光的氛围和感觉。

18 用磁板将所有指甲都吸出好看的极光效果，完成操作。

 Tips

　　磁性指甲油在涂了亮油且未干的状态下，可以用磁板改变磁性颗粒的排列方向。如果想让吸出的线条细一点，可以把磁板靠得近一些，吸的时间持续久一些；如果想让吸出的线条粗一些，可以把磁板离得远一些，吸的时间短一些。

婚礼系列

婚礼美甲一般以浅色为主，这样可以比较容易地搭配新娘或伴娘的各式礼服。搭配上蕾丝或者小花，可以让新娘或伴娘看起来更加娇媚动人。

扫码看视频

浪漫法式婚礼美甲

法式美甲是新娘常用的美甲款式之一，这款美甲将传统的法式美甲和蕾丝小花结合在一起，更能体现出新娘柔美的气质。

使用工具

指甲油：Poshe 底油、Seche Vite 快干亮油、H&M Ice Cold Milk 和 OPI L00 Alpine Snow。

印花油：Moyou London 白色印花油。

印花板：Moyou London Bridal 08。

其他工具：印章、刮板、胶带、美甲笔刷、洗甲水、美甲装饰小金珠和美甲专用胶水。

操作时长：1 小时 30 分钟。

操作难度：中等。

❤ 操作步骤

1 给所有指甲涂一层底油，待干。

2 给所有指甲涂上透白色指甲油。

3 将白色印花油涂在印花板的蕾丝网格图案上，并用刮板刮去多余的印花油。

4 用印章迅速印取印花板上的蕾丝网格图案。

5 将蕾丝网格图案转印到中指的指甲上。按照同样的方法，给大拇指和无名指的指甲也转印上蕾丝网格图案。

6 用胶带将指甲周围多余的图案清理掉。

7 给印有印花图案的指甲涂一层透白色指甲油，使白色线条看起来更柔和。

8 将白色印花油涂在印花板的小花图案上，并用刮板刮去多余的印花油。

9 用印章迅速印取印花板上的小花图案。

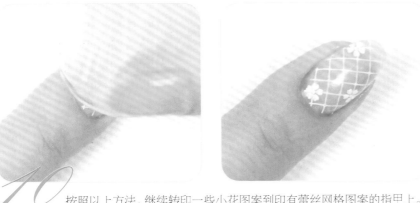
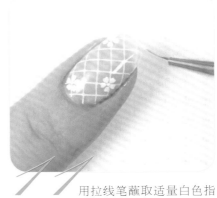

10 按照以上方法，继续转印一些小花图案到印有蕾丝网格图案的指甲上。在转印图案时，注意小花的分布以三角形的构图，这样效果更好。

11 用拉线笔蘸取适量白色指甲油，在指甲尖处勾勒出法式白边。

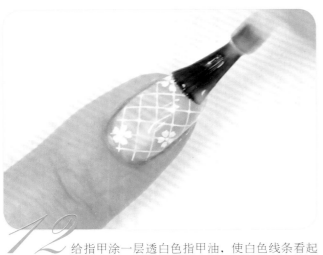
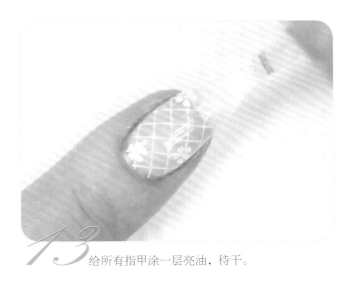

12 给指甲涂一层透白色指甲油，使白色线条看起来更柔和一些。

13 给所有指甲涂一层亮油，待干。

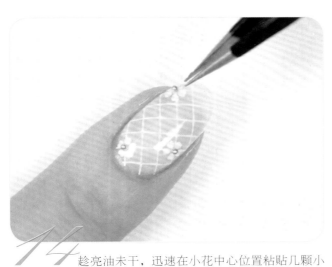

14 趁亮油未干，迅速在小花中心位置粘贴几颗小金珠饰品作为装饰。

15 给指甲涂一层快干亮油，完成操作。

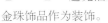

扫码看视频

淡紫色蕾丝印花美甲

　　浪漫的紫色是婚礼经常选用的主色调，这款美甲在新娘美甲中经常使用的透白色调基础之上加入了淡紫色，再搭配上精致的蕾丝印花。一些美甲小饰品加上带有细闪效果的亮油，非常适合以紫色为主色调的婚礼，能衬托出新娘独特的气质。

使用工具

指甲油：Poshe 底油、Seche Vite 快干亮油、H&M Ice Cold Milk、OPI M49 Solitaire、OPI F83 Polly Want a Lacquer 和 Zoya ZPSGTOP01 Sparkle Gloss Topcoat。

印花油：Moyou London 白色印花油。

印花板：Moyou London Bridal 08。

其他工具：印章、刮板、胶带、美甲笔刷、洗甲水、美甲装饰小金珠、美甲平底珍珠、美甲平底钻和美甲蛋白钻。

操作时长：1 小时 15 分钟。

操作难度：中等偏低。

1 给所有指甲涂一层底油，待干。

2 在食指和无名指的指甲涂上透白色指甲油。

3 给中指的指甲涂上白色流沙指甲油。

4 给大拇指和小指的指甲涂上浅紫色指甲油。

5 选择对应颜色的指甲油，给所有指甲叠加上色，直至颜色变得饱和、均匀。

6 将白色印花油涂在印花板的蕾丝图案上，并用刮板刮去多余的印花油。

7 用印章迅速印取印花板上的蕾丝图案。

8 将蕾丝图案转印到食指的指甲上。之后按照同样的方法，在无名指的指甲上也转印上蕾丝图案。在转印图案时，注意食指和无名指指甲上的印花图案要对称。

9 用胶带将指甲周围多余的图案清理掉。

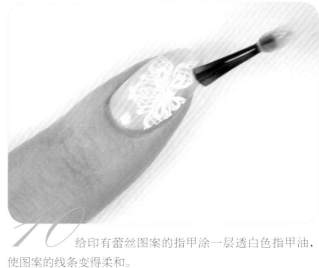

10 给印有蕾丝图案的指甲涂一层透白色指甲油，使图案的线条变得柔和。

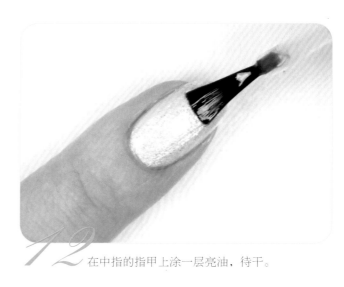

11 给所有指甲都涂一层细闪亮油，让指甲呈现出流光溢彩的效果。

12 在中指的指甲上涂一层亮油，待干。

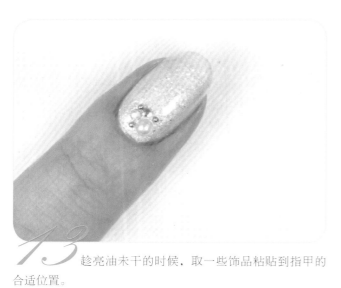

13 趁亮油未干的时候，取一些饰品粘贴到指甲的合适位置。

14 给所有指甲涂一层质地较厚的快干亮油，完成操作。

扫码看视频

裸粉色反法式花边美甲

传统的法式美甲是指裸色搭配指尖一道白色弧线的美甲，如果这条弧线画在了指甲根部，则被称作"反法式"。这款美甲用白色花边代替了白色弧线，搭配上优雅的裸粉色，特别适合婚礼上的伴娘们，也很适合性格内敛的新娘。

● **使用工具**

    指甲油： Poshe 底油、Seche Vite 快干亮油、Masura 1156 Magic Thistle、Zoya ZP698 Tomoko 和 Born Pretty 水性亮油。

    印花油： Bundle Monster 白色印花油。

    印花板： Bundle Monster Chic Peek BM−XL471。

    其他工具： 印章、刮板、胶带、美甲笔刷、洗甲水和点花笔。

● **操作时长：** 1 小时。

● **操作难度：** 简单。

1 给所有指甲涂一层底油，待干。

2 给所有指甲涂上裸粉色指甲油，直至颜色饱和、均匀，作为打底。

3 将白色印花油涂在印花板的花边图案上，并用刮板刮去多余的印花油。

4 用印章迅速印取印花板上的花边图案。

将花边图案转印到任意一个指甲的根部，之后按照同样的方法给其他指甲转印图案。

5

6 用小刷子蘸取适量洗甲水，将指甲周围清理干净。

 Tips

这一步要注意的是，如果大拇指的指甲比较宽，可以把花边图案转印在指尖处。

7 用点花笔蘸取适量香槟金色指甲油，点缀在花边图案中花朵的花蕊处。

8 给所有指甲涂一层印花隔离油或者水性亮油，待干。

9 给所有指甲涂一层快干亮油，完成操作。

晚宴 / 派对 / 聚会系列

　　参加各种派对、晚宴或者聚会，当然少不了要搭配一款得体亮眼的美甲，晚宴和聚会美甲大多以简约优雅为主，这样可以比较容易地搭配各种类型的衣服。派对美甲最重要的是闪耀吸睛，因此亮片美甲会是比较好的选择。

扫码看视频

神秘金色磁性暗花美甲

　　一般深色的磁性指甲油饱和度都特别高，可以用来作为印花油使用。用同色系的纯色指甲油打底后，用磁性指甲油制作印花，再用磁板吸出磁性颗粒，就形成了暗花效果，很适合出席晚宴时进行搭配。

- **使用工具**

  指甲油： Poshe 底油、Seche Vite 快干亮油、Masura 904−218 Gold Chrysanthemum 和 OPI T02 Black Onyx。

  印花板： Moyou London Flower Power 12。

  其他工具： 印章、刮板、防溢胶、胶带、美甲笔刷、洗甲水和磁板。

- **操作时长：** 1 小时 15 分钟。

- **操作难度：** 中等偏低。

● 操作步骤

1 给所有指甲涂一层底油，待干。

2 给所有的指甲上涂上黑色指甲油。

3 在指甲周围涂一层防溢胶。

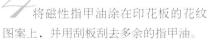

4 将磁性指甲油涂在印花板的花纹图案上，并用刮板刮去多余的指甲油。

5 用印章迅速印取印花板上的花纹图案。

6 将花纹图案转印到任意一个指甲上。之后按照同样的方法，给其他指甲也转印上花纹图案。

7 用镊子将指甲周围的防溢胶轻轻撕掉。

8 用胶带或者小刷子蘸取适量洗甲水，将指甲周围清理干净。

9 给指甲涂一层亮油。

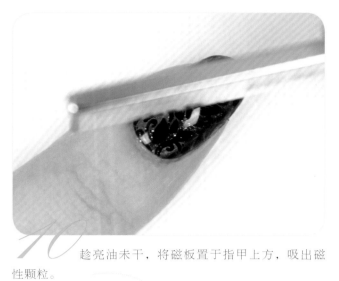

10 趁亮油未干,将磁板置于指甲上方,吸出磁性颗粒。

11 按照同样的方法,将其他指甲的磁性颗粒一一吸出,完成操作。

🍶💅 **Tips**

每给一个指甲涂上亮油之后,就要立即用磁板吸出磁性颗粒。

扫 码 看 视 频

优雅紫色条纹美甲

英文里有句话叫作"Less is More",直译成中文就是"少即是多"。在制作美甲时,有时候我们要讲究简约之美。这款美甲用优雅的灰紫色作为底色,可以让手部皮肤看起来更加白皙。简约但耀眼的银色线条搭配大大小小的美甲水钻,让指尖更加熠熠生辉。

💙 **使用工具**

指甲油: Poshe 底油、Seche Vite 快干亮油、Butter London Mauvelous 和 Essie set in stones。

印花油: Moyou London 银色印花油。

印花板: Moyou London Holy Shapes 19。

其他工具: 印章、刮板、美甲笔刷、洗甲水和美甲平底钻。

💙 **操作时长:** 1 小时 15 分钟。

💙 **操作难度:** 中等偏低。

♥ **操作步骤**

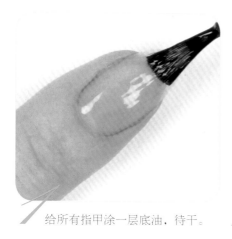

1 给所有指甲涂一层底油，待干。

2 给所有指甲涂上灰紫色指甲油，直至颜色变得饱和、均匀。

3 将银色印花油涂在印花板的直线图案上，并用刮板刮去多余的印花油。

4 用印章迅速印取印花板上的直线图案。

5 将图案转印到无名指和大拇指的指甲上。

6 用小刷子蘸取适量洗甲水，将指甲周围清理干净。

7 用笔蘸取一些银色亮片指甲油，对直线图案进行填充。

8 趁着银色亮片指甲油未干，迅速粘上大小不一的平底钻。

9 待银色亮片指甲油干透后，再涂一层快干亮油，完成操作。

扫码看视频

✦ 蓝色亮片渐变美甲 ✦

亮片美甲特别吸引人的眼球，搭配上清新的蓝色，特别适合夏天的聚会。以这款美甲参加夏日泳池派对，你就是闪亮之星。

🌀 **使用工具**

指甲油：Poshe 底油、Seche Vite 快干亮油、Zoya ZP717 Cosmo 亮片甲油和 Zoya ZP686 Dream。

其他工具：海绵、美甲金属小星星、桔木棒、点钻笔。

🌀 **操作时长：**1 小时 30 分钟。

🌀 **操作难度：**中等偏低。

♥ 操作步骤

1. 给所有指甲涂一层底油，待干。

Tips

如果不在乎持久度，这里可以涂一层可剥式底油，以方便卸除。

2. 用刷子蘸取少量半透明亮片甲油，从甲尖往甲根进行涂刷，涂刷的指甲油大概占甲面面积的80%。

3. 待第一层指甲油干透后，继续按照同样的方式给指甲刷第二层指甲油，这次涂刷的指甲油大概占甲面面积的50%。

4. 在海绵上涂一点点蓝色亮片指甲油，从指尖开始，将指甲油轻轻拍在干透的甲面上，这次涂刷的指甲油大概占甲面面积的50%。

5. 继续按照上一步的方法给甲面拍上第二层蓝色亮片指甲油，本次涂刷的指甲油大概占甲面面积的30%，让甲面呈现出渐变的效果。

6. 在干净的海绵上涂一点半透明亮片指甲油，轻轻拍在干透的甲尖处，让指甲看起来更闪亮。

Tips

在用海绵分层为指甲上色时，注意在进行每一层操作时，都要保证上一层的指甲油已经干透。

7. 取一颗薄而小的美甲金属小星星饰品放在指腹上，用桔木棒按压出一定的弧度。

8 给指甲涂一层亮油。

9 趁亮油未干，用点钻笔点取几颗小星星粘贴上去作为装饰，待干。

 **Tips**

由于这里需要粘贴的饰品比较小，所以用点钻笔点取会比用镊子夹取更方便。

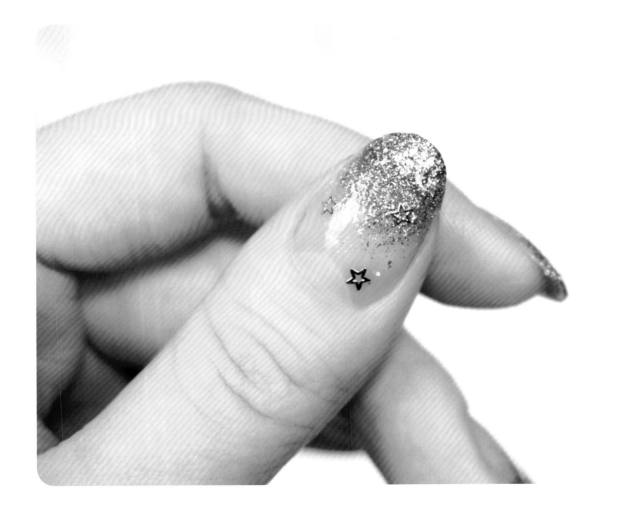

给指甲涂一层快干亮油，完成操作。

扫码看视频

❖ 高贵宝蓝色鎏金美甲 ❖

这是一款渐变美甲，不同于之前用海绵做出的渐变款式，这款美甲用美甲金箔粉制作渐变效果，搭配上高贵的 Essie 阿鲁巴蓝，很适合在出席晚宴的时候进行搭配。

🔹 **使用工具**

指甲油： Poshe 底油、Seche Vite 快干亮油、OPI 磨砂顶油、Essie 280 Aruba Blue 和 Born Pretty 水性亮油。

其他工具： 美甲金箔粉、美甲笔刷和胶带。

🔹 **操作时长：** 1 小时。

🔹 **操作难度：** 中等偏低。

❤ 操作步骤

1 给所有指甲涂一层底油，待干。

2 给所有的指甲涂上宝蓝色指甲油，直至颜色饱和，作为打底。

 Tips

在给指甲上按压金箔粉的时候，注意越往指尖处，金箔粉的分布要越稀疏。

4 用笔尖将附着在甲面上的金箔粉轻轻按压平整，使其贴得更牢一些。

5 用胶带将不小心洒落在指甲周围的金箔粉清理掉。

6 给指甲涂一层水性亮油，待干。

 Tips

在涂快干亮油之前要先涂一层水性亮油，这是因为直接涂普通亮油会降低金箔粉的光泽度。

7 给所有指甲涂一层快干亮油，完成亮面效果。

8 给指甲涂一层磨砂顶油，完成磨砂效果。

职场系列

职场风格的美甲一般是偏干练简约感觉的，并且色调大多以裸色和冷淡色系为主。这样虽然低调，却能够在不经意间散发出职场女性的独特气质。

扫 码 看 视 频

不规则几何图形美甲

这款不规则几何图形美甲带有强烈的现代艺术气息，上面的各种色块都是借助印花板来制作完成的，操作起来非常简单，适合作为干练的职场女性的日常装扮。

- 使用工具

  指甲油：Poshe 底油、Seche Vite 快干亮油和 Born Pretty 水性亮油。

  印花油：Bundle Monster 黄色 / 灰色 / 黑色印花油。

  印花板：Creative Shop 71 和 Moyou London Holy Sha pes 19。

  其他工具：印章、刮板、胶带、美甲笔刷、洗甲水和桔木棒。

- 操作时长：1 小时 15 分钟。

- 操作难度：中等偏低。

💟 操作步骤

1 给所有指甲涂一层底油，待干。

2 将黄色印花油涂在印花板的矩形图案上，并用刮板刮去多余的印花油。

 **Tips**

由于该类型的印花图案凹槽处面积较大，因此需要涂抹上足量的印花油。

3 用印章迅速印取印花板上的矩形图案。

4 用胶带清理印章上的部分矩形图案，只留下需要的部分。

5 将矩形图案转印到指甲上，在转印时注意直角的一边朝上。

6 用桔木棒沿着指甲边缘轻轻按压，让指甲上的图案和多余的图案分离，再用胶带将多余的图案清理掉。

7 将灰色印花油涂在印花板的同一款矩形图案上，并刮去多余的印花油。注意用力要均匀，避免出现不必要的空白。

8 用印章迅速印取印花板上的矩形图案。

9 同样用胶带清理印章上的部分矩形图案，只留下需要的部分。

10 将印取的矩形图案转印到指甲上。转印时注意图案在指甲上的位置要和黄色色块部分重叠，并且直角边朝上。

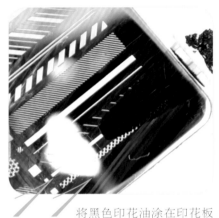
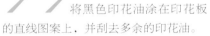
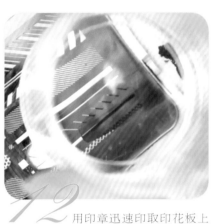
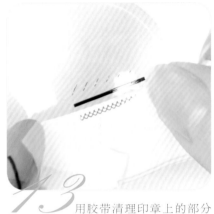

11 将黑色印花油涂在印花板的直线图案上，并刮去多余的印花油。

12 用印章迅速印取印花板上的直线图案。

13 用胶带清理印章上的部分直线图案，只留下需要的部分。

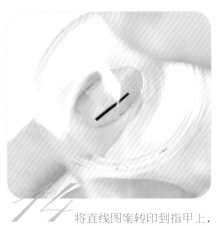

14 将直线图案转印到指甲上，并注意要和灰色矩形图案部分重叠。

15 用小刷子蘸取适量洗甲水，将指甲周围清理干净。

16 按照以上同样的方式，对其他指甲也进行转印操作。

 Tips

在给其他指甲转印图案时，注意色块的位置和重叠的次序都可以根据自己的喜好任意改变。

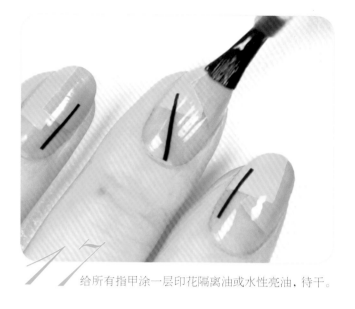

17 给所有指甲涂一层印花隔离油或水性亮油，待干。

18 给所有指甲油涂一层快干亮油，完成操作。

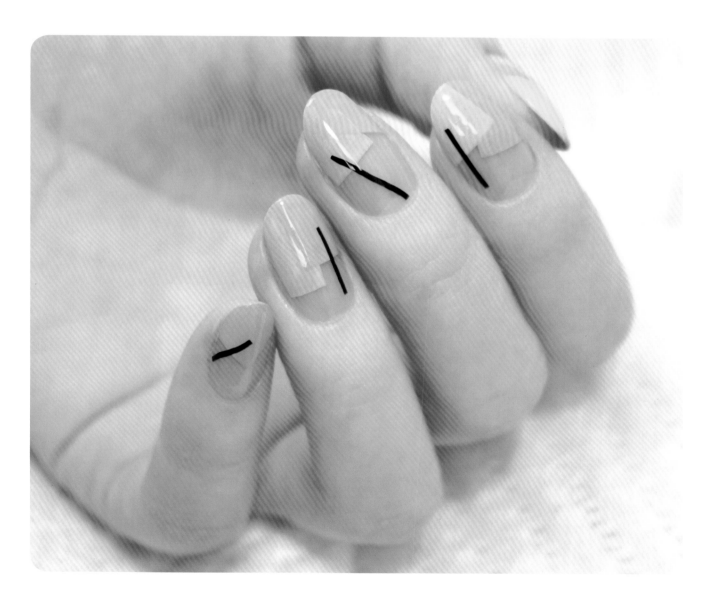

扫 码 看 视 频

❖ 优雅裸色玫瑰美甲 ❖

裸色对于上班族来说是一个不会出错的颜色选择，但是单纯的裸色难免会让人感觉有些单调。因此在美甲过程中，不妨在裸色的基础上添加一些镂空玫瑰图案，既避免了单纯的裸色带来的单调感，同时也更能衬托出优雅的气质。

使用工具

指甲油：Poshe 底油、Seche Vite 快干亮油、Essence 54 Dream On 和 Born Pretty 水性亮油。

印花油：Bundle Monster 黑色印花油。

印花板：Creative Shop 79 和 Moyou London Holy Shapes 19。

其他工具：印章、刮板、胶带、美甲笔刷、洗甲水和桔木棒。

操作时长：1 小时 15 分钟。

操作难度：中等偏低。

1 给所有指甲油涂一层底油，待干。

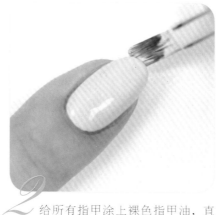

2 给所有指甲涂上裸色指甲油，直至颜色饱和，作为打底。

3 这款印花板的图案之间是紧挨着的，需先用胶带将其他图案遮住，再单独将需要的图案印取出来。

4 将黑色印花油涂在印花板的镂空玫瑰图案上，并刮去多余的印花油。

5 用印章迅速印取印花板上的镂空玫瑰图案。

6 将镂空玫瑰图案转印到无名指的指甲上。

7 用桔木棒将指甲上的图案和指甲周围的图案按压分离，用胶带将指甲周围的图案清理掉。

8 继续按照上边的方法给大拇指的指甲转印镂空玫瑰图案。

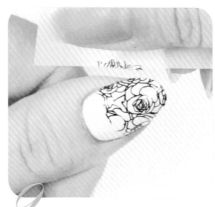

9 转印完成后，同样用胶带将指甲周围多余的图案清理掉。

10 将黑色印花油涂在印花板的直线图案上，并刮去多余的印花油。

11 用印章迅速印取印花板上的直线图案。

12 将直线图案转印到镂空玫瑰的边缘处。

13 用胶带清理掉粘贴到指甲周围的多余的直线图案。

14 按照上边的方法给大拇指的指甲也转印一条直线图案。

 Tips

转印直线的时候，最好沿着直线的方向转印，并且动作要快、稳，避免犹豫，否则会导致转印的直线弯曲。

 Tips

这款美甲之所以没用洗甲水清理指甲周围，是因为黑色印花油被洗甲水化开后，很容易染黑指甲周围的皮肤，所以直接用胶带去除会比较合适。

15 给所有印有印花图案的指甲涂一层印花隔离油或者水性亮油，待干。

16 给所有指甲油涂一层快干亮油，完成操作。

扫 码 看 视 频

❧ 百搭气质大理石美甲 ❧

大理石纹是美甲中常用到的元素，适用于各类场合。在前面的章节中，我们介绍了如何用美甲硅胶垫制作大理石纹，这里我们介绍的是一个更简单的方法，即利用现成的大理石纹水印贴纸制作出大理石纹效果。

◆ **使用工具**

指甲油： Poshe 底油、Seche Vite 快干亮油、Zoya ZP587 Bevin、China Glaze 84011 Street Style Princess 和 Essence 33 Wild White Ways。

其他工具： 水、盛水的小容器、镊子、大理石纹美甲水印贴纸、剪刀和金银线。

◆ **操作时长：** 1 小时 15 分钟。

◆ **操作难度：** 中等偏低。

❤ 操作步骤

1 给所有指甲涂一层底油，待干。

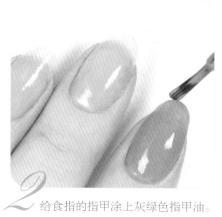

2 给食指的指甲涂上灰绿色指甲油。

3 给中指和小指的指甲涂上灰色指甲油。

4 给大拇指和无名指的指甲涂上白色指甲油。

5 选择对应颜色的指甲油，对每个指甲叠加上色，直至指甲颜色变得饱和、均匀。

6 从大理石纹理水印贴纸上选择一款适合自己指甲大小的水印贴纸，撕掉表面薄膜，放在水里浸泡 10 秒。

 **Tips**

在指甲比较大、没有合适的水印贴纸的情况下，可以自行剪裁。

7 取下泡水后与背纸分离开来的大理石纹理水印贴纸，将其贴在无名指的指甲上，并用指腹按压伏贴。

8 （可选）重复第 6 步~第 7 步，将修剪好的大理石纹贴纸贴在无名指的指甲上。

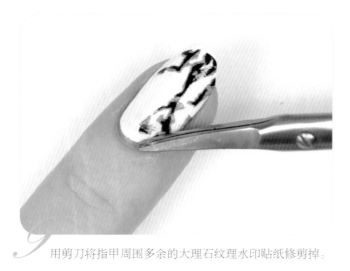

9 用剪刀将指甲周围多余的大理石纹理水印贴纸修剪掉。

10 继续给指甲粘贴贴纸图案，直到呈现出好看的效果为止。之后按照同样的操作方法处理大拇指的指甲。

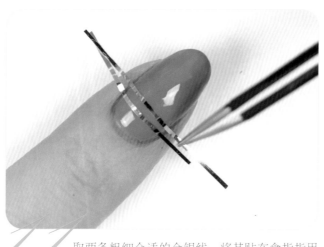

11 取两条粗细合适的金银线，将其贴在食指指甲上的合适位置。

12 用剪刀将粘贴完后留在指甲周围多余的金银线修剪掉。

Tips

很多人在贴金银线之后发现金银线会很快翘边，以下操作可以有效防止此类情况的发生。

1. 不要用手去捏金银线的背胶，否则会降低其黏性。

2. 对指甲周围多余的金银线进行修剪时，可以将金银线剪得比指甲稍微窄一些。

3. 在将金银线粘贴到指甲上之后，用手指或者硅胶笔将金银线在指甲表面按压平整，断口处尤其要按压平整。

4. 涂亮油的时候，要将金银线的边彻底包住。

13 给所有指甲油涂一层快干亮油，完成操作。

扫 码 看 视 频

蓝灰色简约印花美甲

深蓝色、灰色和白色搭配在一起会给人一种清冷的感觉，同时搭配上"×"形印花图案，会让人显得特别有气质。

🌀 **使用工具**

指甲油：Poshe 底油、Seche Vite 快干亮油、OPI IS L16 Get Ryd-of-thym Blues、China Glaze 84011 Street Style Princess、Essence 33 Wild White Ways 和 Born Pretty 水性亮油。

印花油：Bundle Monster 蓝色印花油。

印花板：WK-A01。

其他工具：印章、刮板、胶带、美甲笔刷、洗甲水、美甲金属装饰、美甲平底钻和美甲蛋白钻。

🌀 **操作时长**：1 小时 30 分钟。

🌀 **操作难度**：中等偏低。

♥ 操作步骤

1 给所有指甲涂一层底油，待干。

2 给食指和小指的指甲涂一层深蓝色指甲油。

3 给中指的指甲涂上灰色指甲油。

4 给无名指和大拇指的指甲涂上白色指甲油。

5 选择对应颜色的指甲油，给每个指甲叠加上色，直至颜色变得饱和、均匀。

6 将蓝色印花油涂在印花板的"×"形图案上，并用刮板刮去多余的印花油。

7 用印章迅速印取印花板上的"×"形图案。

8 将"×"形图案迅速转印到大拇指和无名指的指甲上。

9 用胶带将粘贴在指甲周围的"×"形图案清理干净。

10 用小刷子蘸取适量洗甲水，再次清理一下指甲周围。

11 给无名指和大拇指的指甲涂一层印花隔离油或者水性亮油。

12 给食指的指甲涂一层亮油。

13 趁食指指甲上的亮油未干，取一些自己喜欢的饰品粘贴上去。

 Tips

饰品尽量选择一些小巧精致的，并且错落地粘贴到指甲上。如果想让饰品粘贴得更牢固，可以使用美甲专用胶水。

14 给所有指甲涂一层质地较厚的快干亮油，完成操作。

附录 美甲新手常见问题解答

👍 **No.1 为什么我的指甲油特别容易脱落?**

影响指甲油持久度并造成脱落的原因有很多,大致有以下几个。

1. 在涂指甲油之前,指甲接触了大量的水。指甲吸收水分以后会发生一定的形变,发生形变后立即涂指甲油的话,指甲油是附着在发生形变的指甲上的;而当指甲中的水分蒸发后,指甲又会恢复到以前的样子,这时候指甲油很难和指甲一起改变,就会开裂、翘起。因此一定要在指甲干燥的情况下涂指甲油。如果刚刚接触过大量的水,则至少要让指甲晾半个小时以上再涂指甲油。

2. 没有去除指甲上的死皮。因为指甲的死皮在浸水以后会膨胀,而涂在死皮上方的指甲油会因此而翘起、脱落。

3. 没有清除指甲表面的油脂,指甲上的油脂会影响指甲油的附着性。

4. 没有使用底油。底油除了可以防止指甲油色素沉淀外,也可以增强指甲油的附着性。

5. 没有包边。没有包边的指甲油容易在边缘处开裂、脱落。

6. 没有涂亮油。毋庸置疑,亮油可以大大增加指甲油的耐磨性和持久性。

7. 指甲本身过软。指甲油(包括微光疗指甲油)在硬甲上的持久度要远远超过软甲。

8. 用手习惯不好。做家务或者进行其他体力劳动时,磕磕碰碰很容易破坏指甲油,所以要养成良好的用手习惯,做家务或进行其他体力劳动时一定要戴上手套,这样既能保护指甲,又能在一定程度上保护手部皮肤。

👍 **No.2 为什么我的指甲油晾干后会有气泡?**

出现这种问题通常有以下两点原因。

1. 指甲油涂得太厚,导致上层干了而下层没有干透。在涂指甲油时,不要为了追求速度而一下子涂很多,需要少量多次地涂刷。

2. 涂指甲的时候,指甲油本身含有气泡,因此在使用时要避免使劲晃动指甲油瓶。如果想要均匀混合指甲油,可以将指甲油瓶子放在双手手掌间来回滚动。

👍 **No.3 怎样才能让涂好的指甲油干得快一些?**

针对这个问题,有以下几个解决方法。

1. 涂指甲油时注意每一层都要涂得薄薄的才行,如果一次涂很多,虽然看起来饱和度高了,却很难彻底晾干,反而耽误时间。

2. 可以借助美甲小风扇快速吹干涂好的指甲油。

3. 涂完亮油几分钟后,可以在指甲表面滴快干剂或者喷快干喷雾。

👍 **No.4 指甲油有气味是不是代表有毒或者会对身体有害?**

油性指甲油的有机溶剂在挥发的时候会产生一些气味,这也是油性指甲油普遍带有气味的原因。不过有气味的指甲油并不代表会对身体有害,就像无色无味的气体(例如一氧化碳)并不代表对身体无害一样。现在正规品牌的指甲油都是3-Free、5-Free、7-Free,甚至是10-Free(注:X-Free指不含X种有害成分),所以在购买时选择正规品牌非常重要。另外,对指甲油气味比较敏感人,在涂指甲油的时候可以戴上口罩,并且注意通风。

No.5 为什么普通指甲油无法通过光疗灯固化照干?

普通指甲油的成分中没有感光成分,不能通过照灯固化,要自然晾干才可以。

No.6 微光疗指甲油和普通指甲油有什么区别?

微光疗指甲油配套的亮油中含有感光成分,可以通过与环境中的紫外线接触而产生固化反应,让甲面看起来更亮,该效果可与光疗甲效果媲美。同时也正因为其含有感光成分,要避免在充满阳光的屋子中使用,不然其感光成分会迅速固化,导致涂刷不均匀。

No.7 为什么不能用洗甲水稀释指甲油?

洗甲水对于指甲油来说刺激性较强,用洗甲水稀释指甲油会导致指甲油颜色变得黯淡;而且洗甲水中含有水分,如果与指甲油混合,无疑就给指甲油提供了一个滋生细菌的环境,让指甲油的使用寿命大打折扣。

No.8 甲油胶和指甲油哪个好?

甲油胶通常气味较小,照灯固化速度快,但是卸甲耗时较长;同时,在使用甲油胶时通常要照灯才能固化,而经常做美甲的人都知道,美甲时经常照灯容易让手部皮肤变黑。指甲油有气味,干的速度相对慢一些,但是卸甲方便,而且不需要照灯,也能在一定程度上避免手部皮肤变黑的风险。指甲油和甲油胶在使用时没有明显的好坏之分,根据需要选择使用即可。

No.9 对于新手来说,什么质地的指甲油比较好涂抹?

一般果冻质地的指甲油、流沙质地的指甲油和激光指甲油会比较好涂。针对新手,建议避免使用亚光指甲油,因为亚光指甲油非常难涂匀;如果想要亚光的美甲效果,可以用普通指甲油加磨砂顶油来实现。

No.10 对于新手来说,在涂抹指甲油时使用什么样的刷子更方便?

一般来讲,宽大的刷子会比较适合新手使用,因为这样很容易就可以将整个指甲涂满。

No.11 怎么涂另外一只手?

这里说到的"另外一只手"是指平日里不常用的那只手。所谓"熟能生巧",这是唯一的方法,只有多加练习才能学会。

No.12 使用指甲油时涂出指甲边界怎么办?

使用指甲油再熟练的人,在涂指甲时也会有涂出边界的时候。当出现这种情况时,用刷子蘸取洗甲水,把指甲周围多余的指甲油清理掉即可。

No.13 什么颜色的指甲油会显得皮肤白?

一般来说,深色指甲油会普遍比浅色指甲油显得皮肤白,实在难以抉择的话,就选择红色指甲油吧!

No.14 怎样挑选美甲条和抛光条？

美甲条的质地粗细范围通常在80grit~2400grit。数值越小，代表质地越粗糙；数值越大，代表质地越细腻。一般180grit~240grit的美甲条可以用来修脚指甲，240grit~600grit的美甲条可以用来修手指甲。抛光条一般是海绵质地的，质地粗细范围一般在1000grit~4000grit，主要用于给指甲抛光，使指甲显现出自然的光泽感。

No.15 我的指甲表面不平滑，而且出现波浪纹理，会不会和美甲有关？

答案是有可能。除去病理原因，这可能是美甲过程中去死皮时用力不当导致的。在美甲过程中，推死皮的动作要尽量轻柔；如果掌握不好力度，可以用桔木棒的斜面裹上酒精打湿的棉絮来推死皮，以此代替不锈钢死皮推。

No.16 如何清理印章头和印花板？

在印取下一个图案之前，需要先清理印章头。方法其实很简单，只需要用胶带或者卷毛器将印章头上的印花粘干净就可以了。如果印取同一个图案的话，为了保证印图质量，在每次印取图案之前，都需要用镊子夹着蘸有足量洗甲水的棉花，将印花板上残留的印花油擦干净。

No.17 新手使用印花板需要注意哪些问题？

1. 第一次使用印花板时，要先去除印花板的保护膜。

2. 用刮板来回刮太多次，或者印取图案时太过用力，又或者印取图案的速度太慢，都会导致印取的图案出现空心。

3. 使用的印花油太少或者刮去多余的印花油时用力不均匀，都会导致印花油不能完全覆盖图案。

4. 印取图案或刮去印花板上多余的印花油时，需要注意图案线条方向要合适，否则也会导致印取的图案出现空心。

5. 选取不合适的指甲油印取图案，会导致印取的图案颜色过淡。

No.18 为什么我总是无法印取完整的印花图案？

如果上一问题中提到的注意事项都已经避免，结果还出现这种情况，那有可能是选购的印花板本身线条刻得不够深导致的，这时候需要更换印花板。

No.19 为什么我印取的图案很理想，但是却无法完全转印到指甲上？

转印图案讲求速度和时机。转印图案比较合适的时机是在甲面或图案有一点点黏性的时候。如果转印的时候甲面已经完全干透，对转印的速度要求就会非常高，因为印花油晾干的速度非常快，动作太慢就会导致转印失败。

No.20 为什么我转印后的图案变形／开裂了？

转印时需要用滚动的手势把图案印在指甲上，用力过大会造成图案变形或开裂。

No.21 为什么在给印花填色时，印花图案总是被拉花？

在给印花填色的时候，可以在笔尖多蘸一些指甲油，需要用笔尖拖动指甲油进行填色，尽量不要让笔尖接触印花，这样可以有效防止印花图案被拉花。

No.22 什么样的指甲油可以当作印花油使用？

印花油是一种饱和度非常高的指甲油，那么普通指甲油可以做印花油吗？答案是肯定的。但必须选择那种涂一层就能达到饱和状态的指甲油。关于选择什么样的指甲油作为印花油使用，这里没有特定的品牌和颜色，只看指甲油本身的饱和度是否够即可。需要注意的是，流沙质地的指甲油、带有大块亮片的指甲油和爆裂指甲油都是不可以当作印花油使用的。

No.23 什么颜色的印花油最实用？

黑色、白色和金色的印花油是比较好的选择。

No.24 印花油可以作为普通指甲油使用吗？

印花油饱和度高，晾干的速度非常快，一般情况下不适合当作普通指甲油涂抹整个甲面。但目前市面上也有可以涂抹整个甲面的印花油，例如 Moyou London。

No.25 甲油胶可以当作印花油使用吗？

到目前为止，大部分品牌的甲油胶都是不可以当作印花油使用的，但匈牙利印花板品牌 Moyra 在 2017 年年底推出了专门用来印花的甲油胶，是目前为止为数不多的可以用作印花油的甲油胶。

No.26 什么样的印章好用？

市面上的印章可以分为透明和不透明两种类型。在使用透明印章转印图案时可以看清印花的位置，使用起来很方便。普通的透明印章的黏性普遍逊于不透明印章，不过相比之下，使用软的不透明印章印取图案也要容易得多。在同等条件下，小章头的印章因为印取图案时受力更稳且更均匀，所以比大章头的印章更容易印取到完整且不空心的图案。但转印时大章头的视角要比小章头更好，而且看得更清楚。不同的印章都有各自的优缺点，大家可以选择一款最适合自己的。对新手来说，在日常美甲中，我的个人建议是准备一个透明印章和一个软的不透明印章。

No.27 什么样的洗甲水适合擦洗印花板？

擦洗印花板的材料通常有纯丙酮和普通洗甲水两种。纯丙酮不仅可以将印花板擦洗得很干净，而且因为其挥发快的特性，可以有效减少美甲中的等待时间。但纯丙酮闻起来会比较刺鼻，对刺激性气味比较敏感的人可以使用普通洗甲水擦洗印花板。不过要注意的是，含有油脂成分的洗甲水是不适合擦洗印花板的。

No.28 为什么在印花后要先涂一层水性亮油，再涂油性亮油？

一般来说，用作美甲印花的大多是油性指甲油或印花油，因为"相似相溶"原理，油性亮油直接和印花接触，一不小心就会将前面的印花图案拉花，而在涂油性亮油之前涂一层水性亮油，可以很好地避免这一问题。

No.29 在印花操作完成后，必须要涂水性亮油或者印花隔离油吗？

不是必须的。有些亮油使用得当就并不容易将印花图案拉花，例如 Seche Vite 快干亮油。不过建议新手还是不要省略这一步。

No.30 可以在光疗甲上印花吗？

一般来说，光疗甲上是可以印花的。